服装配饰手绘效果图

王曼倩　杜博　编著

东华大学 出版社·上海

U0377522

图书在版编目（CIP）数据

服装配饰手绘效果图 / 王曼倩，杜博编著 . -- 上海：
东华大学出版社，2024.9. -- ISBN 978-7-5669-2422-3

Ⅰ . TS941.28

中国国家版本馆 CIP 数据核字第 2024R395C6 号

责任编辑　谢　未
版式设计　赵　燕
封面设计　花卷儿

服 装 配 饰 手 绘 效 果 图
FUZHUANG PEISHI SHOUHUI XIAOGUOTU

编　著：王曼倩　杜　博

出　版：东华大学出版社

（上海市延安西路 1882 号　邮政编码：200051）

出版社网址：dhupress.dhu.edu.cn

出版社邮箱：dhupress@dhu.edu.cn

营销中心：021-62193056　62373056　62379558

印　刷：北京启航东方印刷有限公司

开　本：889mm×1194mm　1/16

印　张：7.25

字　数：200 千字

版　次：2024 年 9 月第 1 版

印　次：2024 年 9 月第 1 次印刷

书　号：ISBN 978-7-5669-2422-3

定　价：59.00 元

配饰所涉及的设计品类、风格造型、材料工艺都极为丰富。目前配饰主要从属的专业为服装与服饰设计专业，但配饰却因其从属性而往往作为服装研究的一个分支，配饰设计的教材相较于服装设计而言可以说非常单薄。但是在服装服饰的发展道路上，配饰的重要性毋庸置疑，特别是在中国古代，婚礼时的凤冠霞帔、成人礼的戴冠、及笄之仪式，皆是将配饰作为仪式的代称。现如今配饰的重要性也丝毫没有减弱，包袋、首饰、丝巾等单品都是各大奢侈品牌最畅销的服饰品类。

在大力弘扬国货品牌的今天，具有代表性的国产配饰品牌却是稀缺的，需要加大配饰设计创新人才的培养。设计教学中，学生手绘表现能力是制约设计思维、创新能力的重要方面。通过多年的配饰设计教学，我发现一个非常重要的问题：学生手绘效果图课程缺少相关教材、资料与参考书目。目前在时尚产品手绘效果图表现的教材中，绝大多数集中于时装手绘效果图的表现，而就配饰手绘效果图而言，由于配饰种类丰富，材料与风格各异，配饰的手绘效果图表现课程教学需要有专业的教材辅助，帮助学生们理解与练习不同配饰品类的风格与材料特点的手绘表现方法。目前系统的配饰的手绘技法教材较为匮乏。配饰手绘效果图课程所使用的教学文件内容主要来源于两类参考书籍，一是服装效果图手绘技法教材中涉及配饰的部分，其中包含了包袋、鞋子、首饰等重要配饰品的手绘资料。但时装画教材中此类配饰类手绘效果图内容篇幅有限，很难将不同品类的配饰手绘技法进行深入细致地剖析。另一类是单独的配饰品类的书籍，如珠宝首饰手绘效果图，鞋类款式设计与手绘效果图等，缺少基于配饰风格与特点的分析而形成的系统性的配饰手绘表现技法的解析与教学辅助内容。

本教材的特色在于立足于服饰品产业发展需求与国风文化传承而进行的系统性的配饰手绘表达的梳理。教材共分为四章，第一章绪论部分，基于配饰效果图的相关理论，给予服装配饰效果图明确的概念定义，分析配饰手绘效果图不同于其他效果图的风格特点。此外，笔者梳理了东西方传统绘画中的配饰发展历程，以经典的绘画作品展示了中西方古代绘画中的配饰绘画语言所体现出的配饰历史与文化的特色。第二章具体分析中国传统配饰的手绘表现方法，以实际案例介绍点翠、金银首饰、玉器等材料与工艺的手绘表现方法，通过对中国古代配饰形与质的绘画表达重新诠释其审美与文化风貌。第三章为当代配饰手绘表达，通过对现在实用性的时尚配饰产品进行结构工艺、造型特点的手绘表现，为后期的创意设计与手绘表达打下基础。第四章国风创意配饰设计，基于前期对于中国古代配饰的造型、工艺审美的解读进行设计传承与表达。这四章节作为本教材的升华部分，从国风文化主题出发，记录了设计创作的思路，解析设计表达的方法与设计说明。可以说，本教材是在国风背景下吸收借鉴了中国古典配饰的审美意趣，结合现代配饰的设计表现方法进行的手绘配饰设计与创意表达。

本教材所涉及的手绘技法既有传统手绘表现，又增加了平板手绘表达的部分。在传统手绘的基础上增加了利用板绘的表达。通过更加多元的技术手段，增加教材的时代性与实用性。

本教材适应范围广，可适用于服装与服饰设计专业，也可为文创设计、首饰设计、包袋设计的相关人员提供绘画技法的参考。其中的传统配饰手绘表达部分对于传统工笔绘画，古典影视妆造设计也有一定的借鉴价值。

本书能够进展顺利离不开家人、同事、朋友以及我的学生们的支持与帮助。深深感谢学生们对本书的投入和努力。他们提供了一系列非常优秀的效果图，这些图片不仅展示了他们的艺术才华，也使本书的内容更加生动和有趣。这些效果图以各种方式表达了本书的主题，从简单但富有表现力的插图到复杂且详细的设计。每一张图片都充满了学生们的热情和创新，使本书的每一页都成为一场视觉盛宴。我特别欣赏他们在细节处理上的专注，无论是在色彩的选择，还是在形状和线条的处理上，他们都展现出了极高的专业水平。这些图片不仅增强了本书的可读性，也使读者能够更好地理解和欣赏本书的主题。我想对所有参与这个项目的学生表示最深的感谢。

本书为 2024 年度辽宁省省属本科高校基本科研业务费专项资金资助项目 (LT142410152069)，设计创造力赋能"海洋文化"提升辽宁蓝色文旅经济研究、大连工业大学本科教育教学综合改革项目 (JGLX2023089) 的研究成果。

王曼倩

目 录
CONTENTS

目 录
CONTENTS

第一章　配饰手绘效果图概述

章节内容：配饰的风格与分类，配饰手绘表达的要素，配饰手绘常用工具材料介绍
教学目的：通过本章的学习明确配饰手绘效果图的概念与特点，发展历史，清晰配饰手绘效果图与人体的关系。
教学方式：利用图片资料与手绘范例进行课程讲授
教学要求：1. 了解配饰效果图表达的特点
　　　　　2. 了解配饰效果图的发展历史
　　　　　3. 熟悉配饰手绘常用的工具材料
课前准备：记事本，笔

1.1 配饰手绘效果图的概念与主要类型

1.1.1 配饰手绘效果图的概念

首先，对于配饰概念进行解析。配饰，又称为"服饰配件"，也常被称为"饰品"。"饰"的概念有多重含义，"饰"作为动词可表示装饰打扮的动作，作为名词则指代装饰品。"配饰"包括了人身上除去服装之外的装饰品，具有从属性特点。配饰所包括的产品类型丰富，除去人们熟悉的箱包、鞋帽、首饰等常规的配饰品类外，围巾、领带、扇子、腰带、雨伞、手套、眼镜、发饰等都是重要的配饰。配饰品类丰富既为设计与效果图绘制带来了巨大的创作空间，但也因其与人体之间的不同结构附着关系，以及多样化的材料，效果图的绘制表达也有诸多挑战。

其次，针对手绘效果图的概念解析方面。效果图是一个广义词，是将创新的理念、构思或设计意图，通过视觉方式呈现出来的过程。目前效果图的表现形式愈发多样化，除了传统的手绘效果图外，3D 建模，以及近年来出现的 AIGC 生成式效果图都是重要的效果图表现方式。但手绘效果图在设计中的作用和意义仍是不可替代的。效果图可以将设计理念从脑海中的一维形象转变为二维形象展现，提供明确、直观的视觉参考，有助于分析设计的可行性和优缺点。按照实现的方法手段，可以分为手绘效果图和电脑效果图。手绘效果图是指在设计过程中，徒手或借助绘画工具，绘画的形式表达设计意图。作为传统绘画的延伸，具体绘画形式包括速写、素描、图示记录、视觉笔记等内容。手绘效果图是绘画艺术与设计艺术的高度结合，既有实用价值，又具有独立的审美价值。手绘效果图表现形式多样，不受工具及绘画环境的限制，可以说自由度非常高。

目前对于配饰手绘效果图缺少统一的定义，结合相关文献资料及上述对于"配饰"和"手绘效果图"概念的理解，以下将从表现形式、主要目的两方面对"配饰手绘效果图"概念进行解析。

首先，从具体的表现形式来看，配饰手绘效果图主要采用手绘的方式，通过线条、色彩、阴影等元素来表现配饰的形态、结构和细节，此外，它还可以通过透视、剖面等手法展示配饰的内部结构和功能。配饰效果图主要用于展示配饰（如珠宝、首饰、眼镜、手表等）的外观、结构和细节、质感、工艺及产品的设计特点与设计风格，以便更好地传达设计意图、评估设计方案并进行沟通与交流。

其次，从设计目的的角度，配饰手绘效果图的主要目的是将配饰类产品的设计意图转化为直观、可视的形象，帮助设计师、客户和其他相关人员理解设计理念。配饰手绘效果图是针对除服装之外所有身体装饰进行设计或造型表达时，通过效果图的绘画表达，设计者将材料质感、色彩、光影等要素融入设计图中，使配饰产品更加整体、真实、生动，从而预知设计方案是否符合要求，并有针对性地提出修改建议进而进行调整的绘画方式。

配饰手绘效果图可以采用传统的徒手绘画的方式，也可以结合电脑绘图工具，如手绘板、平板电脑等进行手绘表现。配饰手绘效果图是设计师必备的技能之一，需要不断学习、提升、巩固效

果图的技法。可以说，配饰手绘效果图通常在设计过程的早期阶段进行，作为设计师进行构思、创意和方案评估的重要依据。

配饰手绘效果图能够体现出服装服饰专业设计人员长期练习所具备的绘画功底，是设计师需要具有的基础素养。虽然，现在不少设计人员重电脑效果图的表现而轻手绘效果图表达，但往往在现实设计中，因时尚产品生产周期的速度要求，快速手绘表现是非常重要的设计环节。此外，与客户进行沟通时，手绘效果图的作用与优势是明显大于电脑效果图的。

1.1.2 配饰手绘效果图的分类

（1）设计草图（图1-1）：设计草图是设计师用来记录稍纵即逝的构思和灵感的快速手段。通过简单线条或初步的图形，设计师能够迅速捕捉并记录下他们的创意。草图通常以线条为主，可以迅速地表现出结构、材质、色彩等要素，作为一种快速的视觉表达方式，可以有效地传达设计意图和概念，帮助双方达成共识或进行修改，在设计的早期阶段可以用来比较不同的设计方案。

（2）设计概念图（图1-2）：设计概念图主要用于展示和解释一个设计项目的初步概念、想法，通常在项目早期阶段使用，帮助设计师、客户和其他利益相关者之间沟通和理解设计的愿景。设计概念图的目的是快速传达设计意图，因此它不需要非常精确或详细。

（3）设计效果图（图1-3）：通常意义上，设计效果图即产品的预想图，是通过形态、明暗、色彩、材质等因素进行产品预想效果的呈现。设计效果图

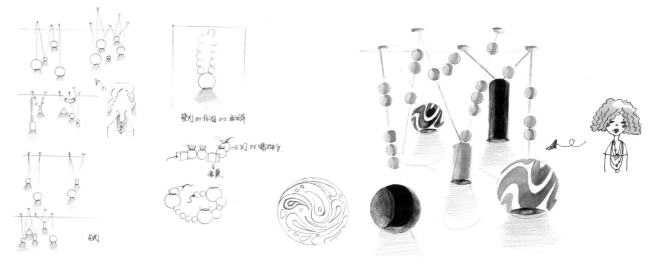

图1-1　设计草图（智敏 绘）

图1-2　红楼主题包袋设计概念图（柴千喜 绘）

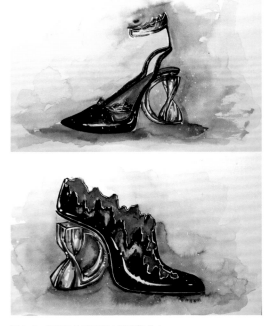

图1-3　创意设计效果图（王禹蒙 绘）

是在设计草图、概念图的基础上，不断进行调整、方案的最终敲定后进行的定稿。设计效果图的特点便是真实、尽可能接近成品的比例结构、工艺细节。设计效果图在设计生产，以及商业推广中都有其重要作用。

（4）生产效果图：生产效果图，通常被称为款式图，主要用来展示设计产品的整体外观和设计细节，同时服务于制作和生产环节的图纸。生产效果图强调准确性和清晰地表述，而非花哨夸张的设计表达。所以，在绘制时，需要就产品的形状比例、工艺细节、色彩套色、图案细节、装饰元素等进行细致地表达。此外，还需要提供例如拼接、缝合、镶嵌方式及所需的配件、辅料等信息。生产效果图需要具有较高的准确性和规范性，以帮助工艺师的理解，保证产品的规范符合预期设计的要求。

（5）三视图（图1-4）：三视图作为设计的基本手段，可以清晰地展示出配饰的三维形态和细节，使客户和生产者能够准确理解设计师的意图。由于可以从不同角度反复修改，三视图在设计的初期阶段降低了错误和误解的可能性，有效避免了后期生产中可能出现的问题，从而减少了设计风险。三视图的表现内容主要包括配饰的主视图、俯视图和左视图。这三个基本视图能反映配饰的长度、宽度和高度，通过正投影的方式详细描绘出配饰的各个面和结构。对于不对称的配饰，有时还需要增加更多的视图来进行描述。这些视图需要按照"长对正、高平齐、宽相等"的原则绘制，确保每个视角都准确地表达了配饰的形状和尺寸。三视图是工程技术人员理解和实施设计的重要工具，有助于提升工作效率并保证产品质量。

1.2 配饰手绘效果图的特点与作用

1.2.1 配饰手绘效果图的特点

手绘效果图是一种通过手绘方式表现配饰设计概念、方案和细节的设计表

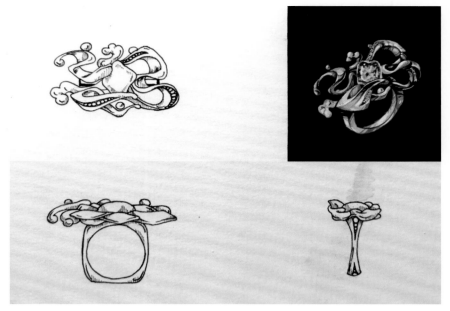

图1-4 戒指的三视图表现（王禹蒙 绘）

现手法，它具有形象直观、灵活多样的特点，可以根据需求进行绘画工具、风格的调整，对于设计过程具有重要的指导意义。由于配饰自身从属性的特点，配饰手绘效果图不同于服装设计、产品设计效果图，具有鲜明的特点（图1-5）。

（1）艺术性：配饰手绘效果图不仅仅是一种技术表现，更是一种艺术创作。设计师通过不同的绘图工具和技巧，如水彩、马克笔、彩色铅笔等，赋予配饰不同的质感和生命力。这种艺术性的表现使得每一幅手绘效果图都具有独特的审美价值。由于每个设计师的绘画风格和习惯不同，即使是

同一配饰设计，不同的设计师绘制出来的效果图也会有所差异。这种个性化的表现手法，使得手绘效果图具有无可替代的艺术表现价值。

（2）商业性：手绘效果图能够将平面的设计转化为立体的、具象的空间表达，使客户能够直观地感受到配饰设计的形态和风格。这种形象性的展现有助于设计师与客户之间的沟通，让客户更加清晰地理解设计意图。于是，在绘制配饰手绘效果图时需要准确地掌握透视原理和比例关系，以确保效果图的真实性和可信度。这要求设计师具备扎实的绘画基础和深厚的设计功底。

艺术性	・艺术风格多元 ・艺术表现手段丰富
商业性	・效果图的商业价值 ・真实性与实现的可能性
精细化	・材料、工艺表现精细 ・表现对象体量小巧
复杂性	・配饰与人体不同部位结构关系复杂 ・材料、工艺绘画表现复杂

图1-5 配饰手绘效果图特点

3

（3）精细化：手绘效果图可以根据设计的不同阶段划分为不同的精细程度。在产品设计的初期，设计师可能会绘制较为简略的草图来确认造型，而在设计研讨阶段，则会绘制更为详细和精细的效果图，以确保设计的准确性和完整性。配饰品造型工艺精、表现对象体量小，是整体着装中的点睛之笔。在极小的空间范围内尽可能地表现出精工细作，且体积虽小却造价高昂。通过对线条、阴影、色彩等元素的处理，表现出不同材质的特性，如金属的光泽感、布料的柔软感等。此外，包括装饰的细节、结构接缝的处理、工艺的表现、细节装饰等，都需要表现出配饰特有的设计语言，于是配饰手绘效果图需要高度的关注和精细的表现能力。

（4）复杂性：复杂性表现在两个方面，首先是材料的复杂多样。配饰材料与工艺的手绘表现具有涉及范围广，类型多样化的特点。箱包的手绘表达中，既有各种皮革材料，如羊皮，各种特种皮革的表现，也有五金部件金属材料、树脂材料的质感表达（图1-2、1-3）。而首饰则涵盖的材料范围更加多元化，如传统的珠宝首饰中所涉及的贵金属，有机宝石，无机宝石材料的表达。其次，配饰与人体的关系复杂。佩戴部位配饰手绘效果图与人体的不同部位尺寸关系密切。不同的身体装饰具有其自身形态造型，与人体关系结构的特殊性。如首饰与身体不同的部位进行结合，在表达时，既需要考虑到首饰与人体结构之间的关系，也需要注意首饰与佩戴者动作行为对首饰结构的影响。而包袋的设计表现，虽然与人体直接的贴合度高，但是同样需要注意到其结构、尺寸、便携性与人的舒适度直接的关系。对于人体各部位结构比例的理解是配饰效果图表达的基础。

1.2.2 配饰手绘效果图的作用

（1）传达设计理念和产品形象：设计师通过配饰效果图将抽象的设计理念具象化，以一种直观的方式向客户、团队或公众展示其创意和方案效果。这种视觉语言不仅能够传递出设计的细节和功能性，还能够表达设计师的情感和艺术主张。如首饰效果图可以通过细致的材质、精确的细节和光影、色彩有效地传达首饰的气质和设计主题。现代设计与生产环节已经非常成熟，需要不同领域、工种相互配合。配饰的效果图能够帮助设计师与生产各环节中工艺师的沟通与合作。

（2）提供样品标准并指导生产：效果图不仅展示了产品的最终外观，还为生产团队提供了详细的指导，确保产品按照预期的标准和质量进行生产。效果图能够提供清晰、详细且准确的产品形象，以便生产团队能够理解设计的尺寸、形状、颜色、材质等细节信息。此外，产品的生产效果图上常标注关键尺寸和比例，以便生产团队能够准确地制作样品。效果图还可以提供材料和颜色参考，展示产品的表面处理和肌理感，这些细节有助于生产团队确定相应的材料、工艺，以达到预期的效果。

（3）品牌形象宣传：配饰效果图不仅是设计师表达创意的桥梁，也是品牌形象塑造的重要手段。配饰效果图的风格可以传递品牌的名称、标志、风格等，助力构建独特且风格一致的品牌形象。

（4）帮助设计师完善设计作品：在设计初期，手绘效果图可以帮助设计师快速地记录灵感和构思布局，通过比较不同的设计方案优劣，选择最有潜力的一个或几个进行进一步的发展。方案一旦确定，设计师可以开始添加更多细节，比如具体的尺寸、材料、颜色等。这个阶段的效果图可以更加精细，整体设计方案更加具体精确，并及时的更新调整。

以上只是列举了一部分的手绘效果图的作用，在配饰设计与生产过程中，手绘效果图的作用是多层面的，设计师的手绘效果图表达在设计、产品生产制作、产品推广过程中都具有重要的意义。

1.3 配饰手绘效果图的主要表现内容

配饰的品类非常多样，表现内容十分丰富。根据佩戴部位可以分为头饰、耳饰、颈饰、手饰、腰饰、足饰等。其中，头饰包括发带、发夹、头巾等；耳饰包括耳环、耳钉等；颈饰主要是各种项链；手饰包括手镯、手链、手表等；腰饰如腰带、腰链；足饰则包括脚链等。

配饰表现时材质也是重要的表现内容，配饰的材料主要有金属类（如：金、银、合金）、珠宝类（如：钻石、珍珠）、皮革类（如：人造革、植鞣革）、纺织类（如：丝绸、棉麻）以及其他非常规材料。

根据风格和用途，可以表现日常佩戴的休闲配饰、正式场合的正装配饰、节日或特殊场合的装饰性配饰；根据季节和气候：比如冬季可能会有更多保暖性的配饰，如围巾、手套等，而夏季则可能以轻巧、透气的材质为主；根据价格和品牌：从经济实惠的小饰品到奢侈品牌的高端配饰，市场上有着丰富的选择以满足不同消费者的需求；根据性别和年龄：有些配饰是专为特定性别或年龄段设计的，如儿童的可爱发饰、年轻人的潮流项链、成熟女性的优雅耳环等。总体来说，配饰的品类丰富多样，在进行手绘效果图表现时需要明确其风格、设计主题、材质、与人体的关联性等因素，以达到整体的和谐与美感。

此外，从纵向的历史角度看，配饰效果图可以表现现代时尚配饰，也可以表现出古代配饰之美。中国古代与现代配饰的品类名称差异较大，在进行国风服饰设计时，不仅需要了解这些传统配饰的名称和特点，还要考虑如何将它们融入现代审美，使之符合新中式的风格，表1-1中对配饰按照佩戴部位进行了品类的划分，并对比了古代配饰和现代配饰的名称的变化。如发簪是古人用来固定头发的长针状饰品，现代被称为发夹或发卡。

通过对比古今配饰名称的变化可以比较出配饰发展与变化的方向。如古代冠帽的类型丰富，冕、冠、帽等主要体现出等级与佩戴方式的差异，而男帽和女帽的差异也非常明显，但现代帽饰则更多地体现出中性化帽子样式，男女款式差异不鲜明。此外，耳饰、发饰的古今差异更加明显。如古代耳饰有玦、瑱、珰、环、坠等众多样式。

古代女性发饰则是承担着彰显身份地位、展现仪容最重要的配饰，种类繁多，如簪、笄、钗、步摇、花钿、华胜、梳篦等都是重要的发饰形式，其性质、装饰作用均有差异。而当今的发饰则单调许多，主要有发箍、发绳、发卡三种类型。当下的国风设计创新需要基于对古人不同的服饰部位的配饰名称及相应的特点的了解。

免显得过于笨重，保持整体的轻盈感。图1-6展示了包袋与身体的比例关系。如斜挎包理想的链条长度可能在腰侧到胯部之间，这样既能保持舒适也符合大众审美，如果追求慵懒风格，可以选择较长的链条，让包包垂在一侧；若追求利落效果，则链条长度可以偏短，使包包位置提升至腰侧。一般来说，斜挎包链条的标准长度约为110厘米，上下可以有一定浮动空间。

项链的长短则更加体现出美观性，颈链的长度约30～35厘米，紧贴颈部，适合搭配低领衣物，展现优雅气质。短链长度约35～40厘米，紧贴颈部，时尚感强，适合年轻人和休闲场合。45～60厘米的范围内则属于中长链，其中公主链长度约46～50厘米，位于锁骨下方，适合各种年龄段和场合，是比较通用的项链长度。马天尼链长度约50～60厘米，位于胸前，适合搭配圆领或高领衣物，展现成熟魅力。超出60厘米的则属于长项链的尺寸，经典的有歌剧链，长度约75厘米，位于胸部以下，适合搭配正式礼服，展现高贵气质。长度在90厘米以上的项链，可以绕两圈或更多，适合搭配休闲服装，展现个性风格。

此外，项链、包袋等在设计绘图时配饰还应该考虑到包袋的宽度、包体的尺寸大小、提手的宽度等与人体的关系。宽度适中的包袋能够平衡美观与实用。过窄的包袋虽然简洁，但无法容纳日常所需；而过宽的包袋可能显得笨重，不便于携带。包带的宽度也与人体工学息息相关。一个合适的宽度能够减轻肩部的压力，避免长时间负重带来的不适。成人帽的尺码从55号开始，一般到60号为止。55～60号被认为是成人帽的常规尺寸。帽围基本为固定的尺寸，而帽深和帽檐的宽度等尺寸则会直接影响到帽子的整体风格与造型，在进行手绘表达时，需要注意三个尺寸之间的比例关系，设计出协调又有独特风格的帽子造型。

表1-1　中国古代与现代配饰的品类划分及名称

身体部位	古代配饰名称	现代配饰名称
帽饰	冕、冠、帽、钿子、幂篱	棒球帽、渔夫帽、鸭舌帽等
耳饰	玦、瑱、耳珰、耳环、耳坠、丁香、耳钳	耳环、耳钉
发饰	发笄、簪、钗、发钿、步摇、凤冠、华盛、梳篦、抹额	发箍、发绳、发卡
面饰	面罩、面纱	口罩
项饰	项圈、领约、璎珞、云肩、龙华	项链、吊坠、方巾、围巾、脖套
腰饰	革带、绅、绶带、带钩	腰带、腰链
足饰	鞋、履、屦、舄	鞋、靴
包袋	绶囊、荷包、鱼袋	公文包、休闲包、晚宴包

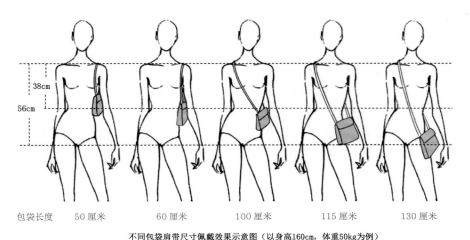

| 包袋长度 | 50厘米 | 60厘米 | 100厘米 | 115厘米 | 130厘米 |

不同包袋肩带尺寸佩戴效果示意图（以身高160cm，体重50kg为例）

图1-6　包袋尺寸与人体的比例关系

包袋的大小、长短应与人体尺寸相匹配，既出于美观的需求，又具有重要的实用功能需求。对于身材较高大的人来说，选择较大的包袋可以平衡整体比例，避免显得过于小巧。而对于身材较矮小的人来说，选择较小的包袋可以避

图1-7 埃及国家博物馆，纸莎草画（左）彩绘雕刻，戴着瓦吉特冠的冥王（右）

图1-8 《萨福》公元55—79年，庞贝古城壁画，那不勒斯国立考古博物馆

图1-9 扬凡·艾克《阿尔诺芬尼夫妇像》局部

1.4 东西方服装配饰绘画发展历史简介

1.4.1 西方绘画中的配饰

配饰的绘画表现历史可谓悠久。早在古埃及的壁画上，就出现了数量丰富，类型多样的配饰。从图1-7中，可以看到古埃及的人物绘画中，有大量精美豪华的配饰。

这些古壁画通常采用混合的天然矿物和植物染料制成的颜料进行绘画，包括绿松石、朱砂、赭石、炭黑等色彩。在埃及壁画中，上至法老下到平民，无论生死之人都佩戴各种珍贵的首饰、头饰等身体装饰。甚至神兽、动物也会佩戴精美的首饰。可以说，埃及绘画中提供大量的配饰品的手绘表现技法。埃及壁画中大量的珠宝材料的表现，以装饰图案式的表现方式展现首饰与身体的比例关系，刻画出鲜明的配饰风格与色彩搭配的特点。

湿壁画中人物配饰表现也十分精彩。以来自庞贝古城的《萨福》为例（图1-8），画面中展示的是一个年轻女孩的半身像，但对于是否为传说中的希腊女诗人萨福本人尚有待考证。绘画充分展示出了那一时期黄金工艺的精细度，头发由金色网托起，柔软的头发和金色的网托之间形成质感的对比。

扬凡·艾克的作品《阿尔诺芬尼夫妇像》（图1-9）则展现出了15世纪尼德兰地区男女新婚时的着装与配饰。画面中，女性精美的头巾将头发遮掩住了，头巾的质感、特别是边缘部分的层叠的花边装饰刻画得尤为细腻。通过头巾的造型与线条可以感受到该女子的发型与头部轮廓，而柔和的褶皱体现出了头巾柔软的质感。精致的金色项链在脖颈处若隐若现。与女子的精致配饰相对应的，是男子质感厚重的深色帽头，没有多余的装饰，仅通过宽大的帽檐的光影效果就能表现出毛料的质感。

伊丽莎白女王一世的肖像画则更加凸显出了配饰所带来的华贵气质。图1-10中，女王通过夸张的项链，奢华的拉夫领，周身的珍珠装饰充分诠释了珠光宝气一词。豪华的多层长珍珠项链，头部与耳畔的水滴形珍珠质感表现得极为细腻。此外，在女王左手处的王冠上清晰地刻画出了红宝石、祖母绿、红色丝绒布的质感。

朱塞佩·阿尔钦博托的绘画则独具

图1-10 《伊丽莎白一世的舰队肖像画》，沃本修道院藏，1588

图1-11 但丁·加百利·罗塞蒂布面油画《莫娜范那》，1866

图1-12 朱塞佩·阿尔钦博托《四季》（左）、《水》（右）

图1-13 《阿黛尔·布洛赫·鲍尔夫人》克里姆特，1907

装饰主义特色。他是意大利文艺复兴时期著名肖像画家，创造性地以水果、蔬菜、花、书、鱼等各种物体装饰人体（图1-11）。尤其作品《水》（图1-11右）中，可以看到精美的珍珠项链、耳饰的绘画表现，在众多海洋生物中质感尤为突出。

19世纪画家罗赛蒂的绘画充分表现了古典绘画的细腻与优雅，他的画笔下女性各种质地的首饰表现得细致入微。从其著名的布面油画《莫娜范那》（图1-12）中可以看到，在他的绘画中各种质感的宝石刻画得非常真实，画中红色的珠串和透明的水晶两种不同颜色、质感的项链进行叠加佩戴进行了细致的表

达。此外，手镯、耳饰的黄金质感的表现与银色的珍珠发饰诠释了不同金属首饰的表现方式。

随着近代绘画观念的转变，20世纪平面性装饰的美感则引发了人们的欣赏和重视。画家克里姆特便是一位能够通过平面性装饰美感焕发出奇异光彩的艺术家。克里姆特出生于维也纳金银首饰世家，或许是受到了儿时家庭环境的熏陶，金色成为了克里姆特绘画作品中常见的色调。在著名的《阿黛尔·布洛赫·鲍尔夫人》（图1-13）作品中，拜占庭镶嵌画的装饰美感，以及东方的写意绘画在一片金色的海洋中和谐地以平

面装饰的方式进行表现。画面中女主人公华丽的项饰、手臂上的多层手镯是珠宝绘画中极为优秀的案例。此外，在克里姆特其他作品中，华丽的珠宝配饰是画面中重要的表现内容，画家充分运用到孔雀羽毛、螺钿，金、银箔片等华美的花纹、色彩或光泽，创造了出既真实又虚幻的珠宝世界。

随着新艺术风格及装饰艺术风格的盛行，绘画中的配饰风格及表达方式更加丰富。其中非常具有代表性的是阿尔丰斯·穆夏的绘画作品。穆夏既是画家，也是珠宝设计师，他的作品中有大量运用动物、植物等有机自然形态的装

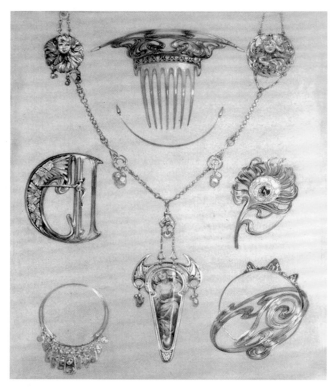

图 1-14　穆夏珠宝设计手稿

图 1-15　达利珠宝设计手稿

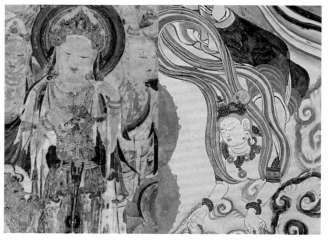

图 1-16　敦煌莫高窟第 57 窟的观世音菩萨（左），敦煌莫高窟第 158 窟飞天（右）

饰、清新淡雅，充分演绎了新艺术对于自然生命力的膜拜。从图 1-14 可以看到自然曲线之美的装饰风格，珠宝有着灵动的形象以及纤细复杂的装饰线条。

达利的珠宝绘画也是极为精彩的。他的珠宝作品以独特的方式表达奇思妙想与饱满的戏剧张力。达利的珠宝绘画中有嘴唇、眼睛、植物、动物、宗教等各式符号语言，极具内涵和象征意义（图 1-15），对于艺术首饰的绘画表达有很重要的启发作用。

综上，从西方不同历史时期的绘画作品中，可以看到配饰绘画的风格、表现技法的演变。西方古典绘画对于珠宝配饰的精细表达，真实而准确地诠释了珠宝的材质、样式、工艺等信息。

1.4.2 东方绘画中的配饰

本书所涉及的东方绘画是以中国古代绘画为主，由于庞大的历史遗存，本书主要选取了具有代表性的壁画、绢面绘画，纸面绘画。以下是对东方绘画中配饰绘画方法的梳理。

以莫高窟为代表的敦煌壁画中包含有大量精美的服饰艺术。按照人物类别划分，敦煌壁画配饰可分为两类。一类是神话、宗教类人物的配饰，包括神仙、佛、菩萨、天王、罗汉、金刚、伎乐、飞天、僧尼等神话、宗教人物的身体装饰，这些身体饰物的绘画极具艺术性和浪漫性，表现手法渲染夸张。另一类是世俗人物的服饰，如帝王、妃子、供养人、工匠、乐工等各阶层人物的服饰，他们的服饰或富贵庄严，或雍容华丽，或流行时尚，或简易质朴，表现手法则更加细腻真实。

如图 1-16 是敦煌莫高窟第 57 窟的观世音菩萨像，敦煌众多的唐代菩萨形象中，这尊观世音画像是最佳精品之一，被人们赞誉为美人像。菩萨的冠饰、璎珞，以及腰间垂坠的圆形坠饰，其精美程度让人惊叹。菩萨沥粉堆金的宝冠佩饰和淡朱晕染的肌肤使他显得华贵富丽。图 1-16（右）中的飞天形象身着红绿珠串编织的首饰，身披披帛飘逸灵动，画面中的配饰没有细腻的精细表现，而是强调了风格和色调的整体性，通过简洁的线条、色块即可表现出飞天女神的异域风格。敦煌壁画中的珠宝描绘十分精细华美，这些千年前的艺术珍品至今仍展现着动人的光彩。在莫高窟的壁画中人物佩戴的珠宝，如"虹裳霞帔步摇冠，钿璎累累佩珊珊"。敦煌壁画的绘画语言则是佛教传入中国后与中国传统文化相结合的产物，它不仅吸收了外来艺术的影响，还融入了中华民族的艺术风格，成为中西合璧的典范。

此外，古代妇女发髻形式、妇女面部妆饰等，在敦煌壁画中也都有丰富的绘画表现。供养人绘画中的服饰形象记录了当时的社会文化和审美趣味。图 1-17 女性供养人像，画面中女子奢华的头饰以黑色、松石绿色进行勾勒。此时，壁画所使用的色彩多为矿物颜料，如石青、石绿、朱砂、土红等矿物原料。而这也是敦煌壁画色彩保存长久的重要原因。

图 1-17　敦煌 61 窟女性供养人像

图 1-18　神宗后坐像（宋）（局部）

　　在宋代帝后的画像中，发冠是重要的头饰之一，图 1-18
用极为写实的画法展示了宋神宗皇后的发冠与珍珠妆容。宋
代的帝后画像风格注重细节的刻画和色彩的和谐，在绘制这
些精美配饰时，根据不同的材质，选择合适的色彩力图还原
所使用的材料，以达到高度写实的效果。其中珍珠作为点缀，
绘制为圆润光滑的小圆点，通过高光和阴影的处理来体现其
立体感和光泽。在绘制珍珠时，使用白色或浅色调的颜料，
通过多次叠加和晕染，创造出珍珠表面的反光效果。

　　元代钱选的《杨贵妃上马图》通过人物服饰的细致描绘
（图 1-19），不仅反映了唐代的服饰艺术，同时也展现了元代
复古绘画风格的特点。其中令人耳目一新的是侍从腰间的红
色包袋，为世人展示了古时包袋的款式及佩戴方式。整体绘
画风格写实，包袋的尺寸大小、男子的幞头的通透感，以及
贵妇与仕女的发饰均以细腻雅致的方式进行表达。

图 1-19　元钱选《杨贵妃上马图》，美国弗利尔美术馆藏

　　法海寺壁画中女性配饰的绘画采用了沥粉堆金和叠晕烘
染技法，并且在表现特点上体现了明代工笔重彩的细腻与豪
华（图 1-20）。法海寺壁画在绘制女性配饰时运用了复杂而
精细的绘画技术。其中，沥粉堆金技法涵盖了贴金、混金、描金、
拨金等多种高难度技术，通过这些技术的巧妙使用，使得每
一条轮廓线都呈现出立体的浮雕效果。这种技法的应用让画
中的金线和五彩宝石看似立体，且在微弱的光线下依旧熠熠
生辉。法海寺壁画中的女性形象具有鲜明的时代风格和精湛
的艺术技巧。整幅作品不仅构图规整、线条精细均匀，而且
色彩艳丽浓郁，彰显出唐代遗风。

图 1-20　法海寺壁画（明代）

9

图 1-21 《汉宫春晓图卷》(明 仇英)

图 1-21 为仇英的《汉宫春晓图卷》，画面中人物长卷形式生动再现了汉代宫女的生活情景。人物腰间配有飘带或腰巾，这些配饰既有实际的固定作用，也是重要的装饰元素。腰带垂有红色的编结装饰，虽然使用面积不大，却十分抢眼。从画作中可以看出，腰巾和腰带的材质轻薄，体现出了春季的应季服饰特点。

图 1-22《渡唐天神像》是元代僧人了庵的画像，现收藏于日本九州国立博物馆。画中了庵身着汉服，头戴幞头，腰间佩戴着小囊，手中持有梅花。通过这幅画，可以窥见明代的文化风貌和审美趣味。同时，它也反映了艺术家对于人物形象的刻画能力和对细节的把握，以及对服装、装饰品等元素的再现技巧。

由上可以看到中西方古代绘画中的配饰绘画语言体现了各自文化的特色和审美观念。但需要强调的是，虽然我们常说中国绘画强调的是意境与神韵，西方绘画更注重形象的真实性和立体感。但通过对于中国传统绘画中的配饰表达方法可以看到，东方的配饰通过图案、花纹的细腻描绘体现出配饰的质感与真实感，虽然立体感、光影效果没有西方绘画强烈，但是以平和、细微的绘画语言诠释了东方古典配饰的特征。对于古代绘画中的配饰语言的分析，可以帮助我们拓展对配饰手绘表达的认知，由此期望能有更多的设计表达语言可以从古代经典绘画中摄取养分，为国风配饰设计与绘画表达奠定基础。

图 1-22 《渡唐天神像》(明) 日本九州国立博物馆藏

第二章　中国古代配饰手绘表达

章节内容：古代配饰造型与审美，古代金银、玉石、点翠等工艺与材质表现方法

教学目的：研习传统配饰的文化内涵，启发学生通过造型、色彩、质感的手绘表现传递传统配饰之美。

教学方式：多媒体教学与课程演示相结合

教学要求：1. 了解传统配饰的造型与结构特点

　　　　　2. 掌握传统配饰材料与工艺的表现技法

　　　　　3. 能够表现传统配饰的审美意趣

课前准备：油画板（A3 大小，40 厘米 ×30 厘米），24 色水彩或丙烯颜料，毛笔（数量，大小，硬毫笔，软毫笔，排刷），铅笔（2B，4B），硫酸纸／复写纸。

中国古代配饰作为古人审美造诣与工匠精神的集大成者，是国人文化自信的重要来源，也是文化产业发展重要的设计来源。古代配饰包含的范围之广，材料工艺之精，文化寓意之深，是其他品类所无法比拟的。中国古代配饰作为古人的"奢侈品"，是超出人们生存与发展需要的，具有独特性、稀缺性、珍奇性特点的身体装饰物。从传世古玉到珠翠首饰，从玲珑绣品到花丝烧蓝，配饰体现出古代工美与质美的顶级水准。对古代配饰的描摹与表达进行重新解读对于设计传承具有重要意义。通过此部分课程教学可以深入了解古代配饰的造型美感，研习古代图案布局，色彩搭配，工艺技法，材质选择等方面的智慧，为后期的设计创新打下基础。表 2-1 为本

次课程教学实验中所涉及的案例，主要分为传统玉石配饰、金质首饰、点翠头饰与其他配饰的绘画表现四个部分。希望从不同的材质、品类通过绘画案例的方式再现传统配饰的精美。

在课程绘画过程中，首先需要了解文物的历史背景，然后根据这些信息确定造型与图案细节。此外，在绘画中对于描绘对象的图片分析应该是全面的，通过对不同图片，不同角度的研究进行全方位理解结构造型、工艺细节、颜色关系，然后进行造型和图案等具体的刻画。按照工艺去表现，过程，把自己当成工匠，进行分析和复原。需要使用的工具材料主要有油画板、丙烯颜料、毛笔和硫酸纸等。具体操作方法如下：

1. 在 A3 大小的白纸上进行构图。根据描绘对象的造型特点、比例关系画出基础造型；

2. 对比例进行调整，具体结构、图形的确定；

3. 绘制线稿的细节，对线稿进行最后的调整；

4. 通过硫酸纸将线稿图案转移至油画板。此时需要注意转移时线条要轻，保持油画板的干净；

5. 在油画板上，运用丙烯颜料进行薄涂。切记颜色由浅至深，绘画过程中层层递进，运用颜料叠出需要的颜色；

6. 进行细节的刻画、加重局部深色部分，提亮高光部分；

7. 背景的刻画与营造。

表 2-1　中国古代配饰手绘效果图案例列表

编号	名称	年代	主要材料与工艺	分组
1	汉代和田玉带钩（图 2-1）	汉代	和田玉	玉石配饰
2	透雕动物纹玉嵌饰（图 2-4）	汉代	和田玉、绿松石	
3	金镶绿松石礼仪肩饰（图 2-7）	清代	金、绿松石	
4	清代蜀锦翡翠旗鞋（图 2-10）	清代	锦缎、翡翠、花丝	
5	嵌宝石金头面（图 2-13）	明代	金、宝石	金质首饰
6	战国镶玉金鸟首带钩、战国鎏金嵌玉镶琉璃银带钩（图 2-15）	战国	鎏金、和田玉	
7	银镀金嵌珠宝钿花（图 2-19）	清代	银镀金、烧蓝、宝石	
8	金累丝镶宝石青玉香瓜簪（图 2-22）	明代	金、和田玉、宝石	
9	银镀金盆式花簪（图 2-25）	清代	银镀金、点翠、珍珠、珊瑚、宝石	点翠头饰
10	黑缎嵌点翠凤戏牡丹女帽（图 2-29）	清代	点翠、竹藤编织	
11	点翠钿子朝冠（图 2-32）	清代	珍珠、珊瑚、玉石、碧玺	
12	清嘉庆梅花结子、银镀金嵌珠花簪花、清嘉庆葵花结子（图 2-35）	清代	银镀金、点翠、花丝	

2.1 传统玉石配饰的手绘表达

《说文解字》中对玉的解释为，"石之美者，玉也"。《辞海》将玉定义为"温润而有光泽的美石"。可见玉最为重要的特点在于人们对其美感的认同。在手绘表现中需要对玉本身质地的美感进行表现，通过色彩、水润感、通透感、油润感表现出不同玉料的质地特点。此外，玉石被古人赋予了其他材料从未享受过的重要意义。玉或是被神化，作为人神沟通的渠道，或是将玉的特性与君子品德进行关联，玉石成为了君子品性的表达。此外，玉石在不同的历史时期，其造型、图案均具有不同的特点。基于此，在进行手绘表现时对于玉饰品形神体态的表达也是极为重要的。以下是玉石饰品手绘案例：

案例 1
汉代和田玉带钩手绘表达

素材图片：汉代和田玉带钩　（汉朝　公元前 202 年—公元 220 年）

规　　格：长 21 厘米　宽 13.5 厘米　重 1392 克

表现内容：夔龙拱璧

图 2-1　汉代和田玉带钩素材图片

素材解读：

带钩作为男子腰部重要的配饰，为腰间皮带两端的钩环，起连接皮带的作用。带钩既具有功能性，又是身份表征的重要装饰，春秋时期带钩成为了王孙公子衣着中的时髦物品，除一般常用的青铜带钩外，还有纯金、包金、玉、象牙等精美的带钩。除材料多样外，带钩的造型也极具特色，在《淮南子·说林训》中对于带钩"满堂之坐，视钩各异"的描述可见其造型的丰富。

图 2-2 过程图片

绘画过程：

首先需对其具体材质和造型特点进行分析。从相关文献资料中得知该款带钩使用的材料为和田青玉。和田玉为软玉类，主要成分为透闪石，结构呈交织毡状，在绘画过程中需要表现出质地细腻，光泽滋润的材质特点。质感的表现上，如何表现此件玉带钩的温润质感是重点表现的内容。绘画过程中可以尝试通过光泽、水的控制表现出和田玉的油润。此外，玉石作为矿物结合体，由于成矿原因的不同，和田玉内所含杂质和微量元素也是多种多样，导致了和田玉千差万别的颜色，所以需要对玉石的颜色进行分析，选择相应的色彩。此款带钩的颜色是以青玉为主，颜色深浅不一，可以通过颜色的斑驳感体现出这一特色（图 2-2）。

造型方面需要对该玉带钩形神体韵的解读。该带钩以夔龙拱璧为主体元素，通过精细的雕刻工艺进行了深浅不一的镂空，在绘画时需要表现出雕刻空间的层次感。

学生绘画感悟：

在绘画过程中的难点主要在于图案的结构关系表现以及和田青玉质感的描绘。通过色彩的调和笔法的描绘，画出玉的细腻光滑，并尽可能地展现出它的青翠与匀净。在第一眼看见这个和田玉的时候是放眼一片绿，我想这是有难度的，但愿意尝试。通过观察发现这款带钩虽然都是绿色，但是每一抹绿都有它自己的风采与韵律，所以小心调配颜色来还原与重现每一抹绿的不同之处及其出色之点（图 2-3）。虽然耗费很多时间但是在过程中感悟到了玉对比于其他材质的不同之处，我想这就是手绘表现的意义吧。

图 2-3 最终效果图（苗臣臣 绘）

案例 2
透雕动物纹玉嵌饰手绘表达

素材图片：透雕动物纹玉嵌饰（西汉　公元前 206 年—公元 25 年）

规　　格：直径 5.5～5.9 厘米　边厚 0.4 厘米

现藏于湖南省博物馆

图 2-4　汉代透雕动物纹玉嵌饰素材图片

素材解读：

　　经文献资料分析，此玉为西汉时期玉器的透雕动物纹玉嵌饰（图 2-4），出土于 1978 年长沙河西象鼻山发掘的规模宏大的有"天子之制"的王室墓中。据考证，玉器的主人正是西汉早期吴氏长沙国的国君。该款玉嵌饰最大的特点在于两种材料的组合。所以玉石的材料与雕刻细节，以及中间绿松石的造型关系是绘画表现的重点。

绘画过程：

　　此件玉饰整体扁体略呈椭圆状，宽度为 5.9 厘米，高为 5.5 厘米，所以首先需要在稿纸上轻轻地确定尺寸（图 2-5）。此时，最好借助尺子画出中心线，并确定宽窄比例。接下来就是确定中心部分绿松石的尺寸大小，比例的准确度对于整体效果非常重要。在传统配饰的效果图表现中，需要准确地体现出此件古玉形体、纹样尺寸之间的比例关系。所以各种辅助线帮助确定基础形是很有必要的。《尔雅·释器》中有描述："肉倍好谓之璧，好倍肉谓之瑗，肉好若一谓之环。"这里的"肉"是指的是璧边的宽度，而"好"则指中间圆孔的孔径。通过分析图 2-4 的比例关系，可以看出，此件玉嵌饰原为玉璧的比例，就是中间的"好"和边缘的"肉"之间的比例，基本为 1：2。这个特点在前期构图时也是需要注意的。此外，此间玉饰的外圈通过透雕

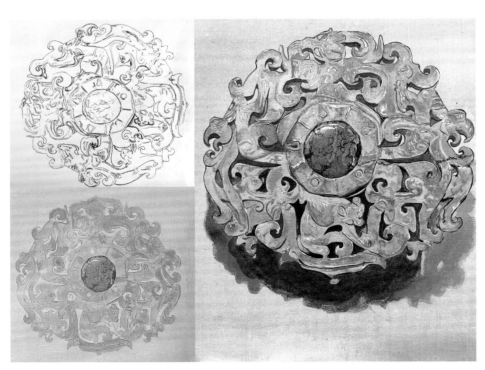

图 2-5　绘画过程图

图 2-6 最终效果图（吕田瀛 绘）

的工艺生动地表现了龙、凤、熊等动物，然后又运用了浅浮雕手法，非常细致地雕刻出各动物的眼睛、耳朵、鼻子、嘴、四肢动态等细部。在解读细部的图案内容后，就开始第二步，具体确定该件玉饰的纹样细节线条的流畅度非常重要，汉代图案讲究云气和仙风道骨，于是在绘制时需注意云气纹与动物图案的结合（图 2-5）。

其次是分析该款玉饰的颜色。中国古代对玉的色彩十分讲究，和田玉中最上乘的当属白玉，而古人的浪漫又将白玉按其颜色的细微差异，以相应颜色的事物进行命名，如羊脂白、梨花白、雪花白、象牙白、鱼肚白和鱼骨白等。玉主要有白玉、青玉、墨玉、糖色玉等，有时在同一块玉料中也会呈现出不同的颜色。该款玉饰所使用的材料虽为青玉，但在玉表面由于常年浸蚀呈现灰白色。在色彩方面需要使用灰色、青绿、赭石等色进行调和。上色部分可以由浅至深进行铺色。除中间绿松石外，其余部分采用浅灰结合一些赭石薄薄地涂色，此时需要注意在一些细微处用小号的狼毫笔进行勾填，保留画稿中对于线条的流畅的美感。镂空部分保持留白。对于中间绿松石的部分，先用湖蓝色和深蓝色进行调和铺底色，然后将深灰、黑色、赭石色进行调和，细细地勾勒出绿松的铁线纹理。此时需要注意的是铁线纹的勾勒，线条细如游丝，且粗细不均，会更加接近真实的绿松石纹理。最后一步是增强细节和玉的立体感。通过加强明暗对比增强玉石雕刻图案的立体效果。特别是局部凸起的位置会有反光，可以运用白色进行提亮。在镂空部分为深色区域，可以适当用黑色勾勒出边缘线，加深深色效果（图 2-6）。

学生绘画感悟：

在绘画过程中学习到了许多关于古代文物的知识，也了解了许多关于古代文物绘制的技巧和方法。在绘制过程中，我需要仔细观察文物的细节和特征，比如线条、颜色等，才能顺利地将它们表现出来。我还需要掌握一些特殊的技巧和方法，比如如何表现出文物的立体感和质感。通过这次绘画，我不仅了解了古代文物知识，还增强了自己对于绘画艺术的热爱和信心。

案例 3
金镶绿松石礼仪肩饰手绘表达

素材图片：金镶绿松石礼仪肩饰 （18—19 世纪 西藏地区）

规　　　格：高 14.6 厘米 宽 9.1 厘米 厚 6.9 厘米

现藏于金沙遗址博物馆

图 2-7 金镶绿松石礼仪肩饰素材图片

素材解读：

此件金镶绿松石礼仪肩饰是典型的藏族风格配饰。大量采用了绿松石材料，彰显出富贵豪华的气质。此肩饰是清代西藏噶厦政府官员所佩戴的礼仪装饰。使用时系绳穿带，分置在肩部左右两侧。该饰品以金属作为基座，分层镶嵌绿松石，在其顶部装饰有如脸部的造型。通过金丝联珠纹勾边，整体以浅粉绿色绿松石材质作为脸部皮肤，深色的绿松作为鼻子的部分，眼睛则镶嵌了红宝石，眉毛为青金石，带弯角和尖牙（图 2-7）。此绿松材料从色泽与瓷度来看，应属于绿松石里最好的高蓝瓷松，产自我国湖北十堰地区，叫"乌兰花"。自然界的绿松石的瓷度不一所以在绘画中把握蓝绿两种颜色的配比相当重要，正因其颜色的差异，如：氧化物中含铜的蓝色，含铁时呈现的绿色，才使画面呈现出更加独特的风采。

绘画过程：

此款配饰绿松铁线较少，只是隐隐可见浅灰色的线性杂质。在绘画时重点需要体现出绿松石的色彩以及金属的色彩。一蓝绿一金黄，两种色彩高强度的对比是风格体现的关键。此外，在绘画时还需要特别注意到绿松石的结构尺寸在不同位置摆放时之间的比例关系（图 2-8）。

此件肩饰品绿松石是环状的镶嵌组合。绿松石的排列非常缜密，在起稿时每一颗绿松石的尺寸，排列方向都是需要提前

图 2-8 过程图

图2-9　最终效果图（蔡文康 绘）

学生绘画感悟：

安排好的。绿松石的个数也是确定的，最大程度还原古董首饰的真貌。可以看到，中间一圈的绿松石上面进行了凸起的雕刻，环形排列形成了花朵的图案。而第二排环形排列的绿松石的造型不同。不同的雕刻造型在绘画表现时所需注意的结构、光影的表现不一样（图2-9）。这个细节在绘画过程中需要尤为注意。

首次通过绘画的形式来复刻18世纪到19世纪西藏地区的饰品。绘画之前查阅了关于绿松石镶嵌的一些信息和制作工艺，为后期作品细节的深入做了铺垫，绘画过程并不是一帆风顺的，但总体趋势是向着更好的方向发展，也在绘画一步一步深入中更好地了解饰品的绘画方式以及它的历史发展和现代价值，反映了专业课与文化课相辅相成共同进步的特点。

案例 4
清代蜀锦翡翠旗鞋手绘表达

素材图片：清代蜀锦翡翠旗鞋 （清代 1636—1962 年）

规　　格：鞋跟 13 厘米　鞋长 22 厘米　单只重量 500 克左右

民间收藏

图 2-10　清代蜀锦翡翠旗鞋素材图片

素材解读：

　　旗鞋鞋底极高，上宽下圆，形似花盆，又名为花盆底鞋，类似今日的高跟鞋。此款清代花盆底饰有精美的刺绣，以珍珠，翡翠及玛瑙作为点缀（图 2-10）。蜀锦鞋面用染色的熟丝线，以几何图案组织和纹饰相结合的方法织成。红色的鞋面和宝石与碧绿的翡翠交相映衬，十分具有中国传统韵味。鞋头的龙头形象鳞片异常精细，其神态栩栩如生，正昂首望前，气宇非凡。鞋头和鞋尾均坠有珠链挂饰，走路如同步摇，雍容华贵。旗鞋根据品级有着严格的穿着要求，从最简单的白底到简约的花纹，再到繁琐的色彩与装饰，昭显着穿者的身份地位。图中的这款蜀锦翡翠旗鞋，无论从工艺之繁琐，还是从其考究的用料来看，昭示了其穿着者身份何其尊贵。

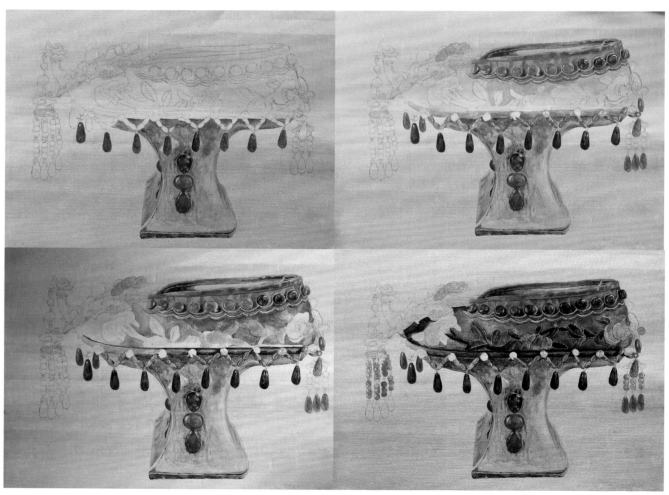

图 2-11 过程图

图 2-12　最终效果图（罗悦舟 绘）

绘画过程：

　　首先明确此款鞋从平视的视角下，各部分的比例和结构关系。花盆底的比例与鞋面的高度比例为接近 2:1，在构图时还需要注意花盆底的位置，需要处于鞋的中心部位，保证鞋的稳定。

　　接下来是对色彩的铺陈，先浅浅地铺出鞋子缎面、鞋跟部分的颜色。然后循序渐进地展开翡翠装饰，鞋面的刺绣部分的色彩。进入更加细致刻画的阶段，需要强调质感的体现。如缎面与木底的质感差异。尤其重点强调龙头和翡翠的奢华质感（图 2-11）。

学生绘画感悟：

　　这次想认真刻画出这双旗鞋不同地方的不同材质。绿色的翡翠看起来十分有质感，在刻画的时候不需要太厚重，一次一次地叠加，有时一次性画出来的效果反而不错。不同位置的翡翠的空间需要人为地处理颜色的区别，不然看起来会死板。鞋面的红色蜀锦肌理细节十分丰富，画的时候也要注意不能画得太碎太花。最难刻画的一个地方应该是鞋面绣花的针脚，因为太小了，画的时候要很小心谨慎（图 2-12）。当我一个阶段一个阶段向前回顾绘画过程时，对于古代的绣花技艺以及整个鞋子的外表设计更增加了几分敬佩。我更加深入地了解了中国传统手工业的精巧，对古代绣花技艺也增添了一些了解和兴趣。

案例 5
嵌宝石金头面手绘表达

素材图片：嵌宝石金头面 （清代 1368—1644 年）

规　　格：簪头径 11.2 厘米　簪脚长 12.3 厘米　重 115.4 克

出土于南京将军山沐斌夫人梅氏墓　南京市博物馆藏

图 2-13　嵌宝石金头面素材图片

2.2 传统金质首饰绘画表现

素材解读：

　　这一套头面（2-13），出土的时候安插在墓主人的头部，头部残留有银质的片状包裹物，推测为包裹头发的鬏髻（即包裹头发的网帽）。这套头面的制作工艺之精湛令人惊叹。这套嵌宝石金头面灵活运用各种手工艺，包括锤谍、錾刻、累丝、掐丝、焊接、镶嵌等，精湛绝伦。这套嵌宝石头面由一件镶宝石火焰纹金顶簪、一件镶宝石金挑心、一件镶宝石凤纹金分心、一对镶宝石云形金掩鬓和一件镶宝石莲花金簪组成。选取的绘画对象为镶宝石火焰纹金顶簪。其上均镶嵌红宝石、蓝宝石、绿松石等。镶玉嵌宝是明代金银首饰最奢华的一种装饰方法，其特点在于依其自然形状而填嵌同时用抱爪加以固定。这种自然随形的宝石与镶嵌之间的关系是绘画表现中需要重点体现的。

绘画过程：

　　此件金顶簪的簪头呈桃形火焰状（图 2-13），分为 3 层，底层宝石保存完整，为 6 颗蓝宝石、6 颗红宝石；中层宝石均已缺失。上层为椭圆形双层菊瓣纹花蕊状，内嵌 1 颗大大的红宝石。此件金饰品的雕刻的细腻程度、细节美感是在手绘表现时需重点表达的。红、蓝宝石与金色的色彩搭配异常鲜艳华丽，在绘画时也需要尽可能还原颜色的艳丽程度。此外，层次之间，前后之间的虚实，主次关系对于作品最终艺术化的呈现度也是非常重要的。金色在绘画中是较难调配的，切忌直接采用丙烯现有的金色来绘画，大面积相同的金色缺少变化，画面会显得生硬死板。建议可以用棕黄、土黄进行色彩的调和，并融入环境色（图 2-14）。

学生绘画感悟：

　　在第一眼看到这幅图片时便被它所惊艳，它如此得精致美丽，尽管历经那么多年依旧让人挪不开眼，它让我迫切地想要拿起笔描绘它的魅力。在此次绘画过程中，从起稿到上色到细节等过程，我领悟了色彩的奇妙和对色彩更深层次的理解。第一次尝试用丙烯颜料和画这种类型的物品，虽然绘画过程中有些困难，但是完成作品后很有成就感。我学到了很多画油画的技巧，同时把自己丰富的情感融入艺术。

图 2-14　过程图（上）、效果图（下）（张茗舒 绘）

案例 6
战国镶玉金鸟首带钩、战国鎏金嵌玉镶琉璃银带钩手绘表达

素材图片：战国镶玉金鸟首带钩 （战国时期 公元前 475—211 年）

规　　格：长 14.6 厘米　宽 3.3 厘米

　　　　　美国哈佛艺术博物馆收藏

素材图片：战国鎏金嵌玉镶琉璃银带钩 （战国时期 公元前 475—211 年）

规　　格：长 18.7 厘米　宽 4.9 厘米

　　　　　中国国家博物馆收藏

图 2-15　战国镶玉金鸟首带钩（左）、战国鎏金嵌玉镶琉璃银带钩（右）素材图片

素材解读：

　　这两件战国时期的带钩均使用了金镶玉工艺，但两者成色截然不同，在绘画时对于色彩需要有很好的控制力，此外造型和纹样上也需要把各自的特色表现清晰。首先，对于造型的解读方面，如图 2-15 所示，左侧的镶玉金鸟首带钩顶部有鸟头钩，中间、中央有犁沟，鸟的眼睛以及下面的鱼头状的眼睛都镶嵌有绿松石或绿松石色的玻璃颗粒。而鎏金嵌玉镶琉璃带钩由白银制成，器形较大，通体鎏金，钩身铸浮雕式的兽首和长尾鸟，长尾鸟居钩左右两侧。钩身正面并排嵌饰谷纹白玉玦 3 枚，玉玦中心各镶一粒半球形琉璃珠，钩身前端镶白玉琢成的雁首形钩首。带钩的制造工艺也十分精湛，采用鎏金、镶嵌、凿刻等多种方法，将不同质地、不同色泽的材料，巧妙地配合使用，使不同色彩的对比非常和谐，产生绚丽多彩的装饰效果。

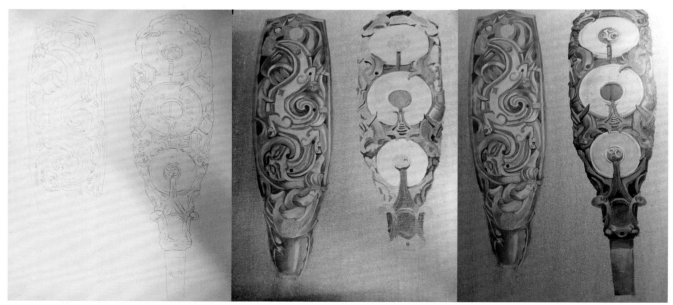

图 2-16　过程图片

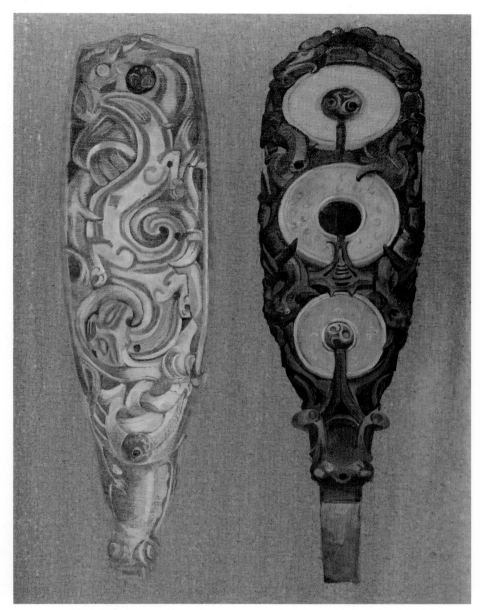

图 2-17　最终效果图（许广涵 绘）

学生绘画感悟：

　　本次绘画主旨是尝试用绘画的方式来展示战国时期的金镶玉带扣的贵重与华丽。在绘画前查阅了一些关于金镶玉和玉带扣的信息和制作工艺，而这次要画的两个金镶玉衣带扣巧妙地将二者结合在一起，因为金镶玉的工艺性，让它们经历了岁月打磨仍不失风采，在绘画过程中去将温润的玉和闪耀的金去结合在一起，体会其中的结构，更加深入地了解当时的工匠精神（图 2-16 、图 2-17 ）。

案例 7
银镀金嵌珠宝钿花手绘表达

素材图片：银镀金嵌珠宝钿花（清代）

规　　格：高 14.5 厘米　宽 11.8 厘米

现藏于故宫博物院

图 2-18　银镀金嵌珠宝钿花素材图片

素材解读：

　　图 2-18 是清代故宫博物院藏的宝钿花，是在银胎体上进行了镀金和烧蓝等工艺，整体造型为雕如意头形灵芝等仙草，其特色在于各种线性的植物弯曲的形态与灵芝一起组合成了花篮似的造型，又加上珠宝显得色彩缤纷，非常华贵。六朵灵芝都内嵌有宝石，中心一朵镶嵌了一颗异形珍珠，其他红宝石、水晶等珠宝材料也都采用随形镶嵌。可以说，灵动、自然的造型是在绘画中需要重点体现的。

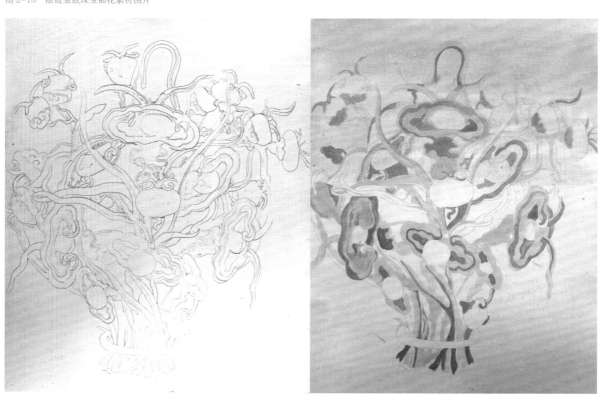

图 2-19　绘画过程图片

图 2-20 最终效果图（王传皓 绘）

绘画过程：

在绘画时线条需要保持细腻流畅，此宝钿线条众多，形成较为复杂的疏密关系与前后关系。建议先在 A3 的白纸上用铅笔轻轻打稿，然后再精细地勾勒出最终成型的线条。第二步是将线稿从 A3 纸转移到油画板上（图 2-19），先用作为主体的湖蓝平涂出烧蓝的部分，然后将土黄、中黄进行颜色的调和，平涂出镀金的部分。颜色平涂时要很薄，将宝石部分留出。最后处理好各种材质之间的颜色关系（图 2-20）。

案例 8
金累丝镶宝石青玉香瓜簪手绘表达

素材图片：金累丝镶宝石青玉香瓜簪（明代）

规　　格　长16厘米　头宽6.8厘米　重31.1克

湖北钟祥梁庄王墓出土，现藏于湖北省博物馆

图 2-21　金累丝镶宝石青玉香瓜簪素材图片

素材解读：

　　这款金累丝簪为梁庄王墓出土，异常精美，富有花开并蒂，瓜熟蒂落的美好寓意（图 2-21）。簪首近似带蒂的果形，中间镶嵌了白玉，玉的造型为带花、叶的瓜形图案，边缘一周为金质花丝托，上镶嵌 9 颗宝石。簪首的蒂上同样镶嵌红蓝宝石。

绘画过程：

　　在绘画时需要有重点，既体现出材质的成色、工艺特点，又需要考虑到元素的前后关系以及各种材料形成的虚实空间。绘画时需要整体的画，找体块间的关系，此外光线的来源对于金属以及宝石的表现是非常重要的。在绘画时建议不要在某一个局部画完后再画另一个局部，需要把控住整体关系，给自己留出空间进行修改调整（图 2-22）。

　　此件簪首的宝石和玉石色彩极美，需要体现出最为顶级的宝玉石色彩与质地。红宝石最为珍贵的是鸽血红宝石，而玉石则需要体现出白而温润的质感。另外，金色累丝的底托也会对宝石有色彩的影响。宝石的质感在远近，不同的光照方向形成不同的颜色，这也是在表现时需要注意的细节（图 2-23）。

图 2-22　过程图片

图 2-23　最终效果图（孔湘懿 绘）

学生绘画感悟：

　　画画是写给生活的情书，可以给心灵一个安静的地方，它超越了现实生活中鸡零狗碎的苟且，让人在现实洪流的裹挟中得以短暂喘息。这次绘画我深刻体会到了古代艺术品的魅力，在绘画过程中我们需要仔细观察其结构，细节等等，在这期间我很多次被古代精湛的工艺所惊艳，精光内敛，细致的金丝工艺，能很好地衬托出宝石之明艳，层层叠加，极尽工巧之能事。

案例 9
银镀金盆式花簪手绘表达

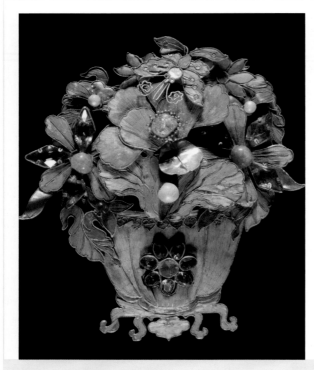

素材图片：银镀金盆式花簪（明代）

规　　格：长 16 厘米　头宽 6.8 厘米　重 31.1 克

现藏于北京故宫博物院

图 2-24　银镀金盆式花簪素材图片

2.3 点翠珠宝首饰的绘画表现

　　点翠工艺是中国历史悠远的传统工艺，自汉代已有，发展到清代康熙、雍正、乾隆时期达到了顶峰，后因其穷奢极欲而几近消亡。点翠工艺是金属工艺和羽毛工艺的完美结合，先用金或鎏金的金属做成不同的图案的底座，再把翠鸟背部靓丽的蓝色羽毛仔细地镶嵌在底座上。其工艺复杂，华丽异常。点翠是古代贵族女性头饰中重要的装饰，极具特色与国风美感。点翠在近些年因其特殊的工艺与材料而备受许多新国风品牌青睐。故而在这一部分通过三个具体的案例欣赏传统点翠首饰并进行绘画描摹的方法探索。

素材解读：

　　此件文物采用传统的镀金和点翠工艺，再以宝石珍珠镶嵌完成（图 2-24）。银镀金盆式花簪，也代表着点翠工艺的造诣达到顶峰。文物整体以花盆式样呈现，除了花朵外，还有蝴蝶，蝴蝶象征着吉祥美好；蝶恋花的式样也象征着美满婚姻，表现着文人对至善至美的追求。

图 2-25　绘画过程

2-26 最终效果图（王薪茹 绘）

学生绘画感悟：

在绘画研究过程中，通过了解点翠工艺的羽毛粘贴过程，从中了解到蓝色点翠部分是呈现羽毛纤维的细丝竖条纹理。在画面呈现上，采用颜色穿插来表现羽毛的层次（图 2-26）。整个绘画作业过程中培养了我的耐心和细心，把细节部分进行仔细研究、无限放大，再回归整体中去调整。

案例 10
黑缎嵌点翠凤戏牡丹女帽手绘表达

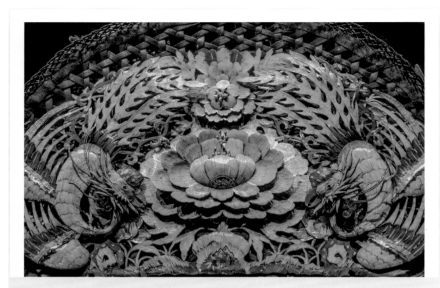

素材图片：黑缎嵌点翠凤戏牡丹女帽（清代）

规　　格：高21.6厘米　宽19.8厘米

　　　　　现藏于辽宁省博物馆

2-27　黑缎嵌点翠凤戏牡丹女帽素材图片

素材解读：

　　清宫后妃所戴点翠女帽，俗称钿子，此冠帽的整个帽框由竹、藤等编制而成，再用黑绸网罩于帽框之外，帽两侧垂有黑纱，帽前后两面及边缘部分插有许多镶珠点翠，制成双凤、牡丹等图案。女帽戴在头上时顶部向后倾斜，上穹下广，形状类似覆箕。全帽做工巧妙，点翠众多且精美。此类头饰只能使用于宫廷，民间根本无法看到。此冠帽是清宫后妃在筵宴、节日、大婚等礼仪场合所佩戴的。帽子的胎是银制的，托是铜制，用铜片制作成花纹，再把翠鸟的羽毛镶嵌在上面，所以又称为"点翠"。这种工艺是明清时期宫廷常用的一种头式工艺。由于工艺复杂、取材稀少，所以非常珍贵。材质包括缎、银、点翠、宝石及琉璃。

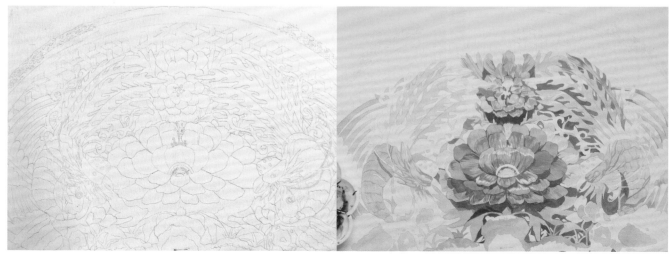

图2-28　绘画过程

2-29 效果图（傅琬云 绘）

绘画过程：

　　画面内容丰富，装饰语言复杂，所以在起线稿的时候需要分清主次和各部分的结构关系。以中心的牡丹为主题，两旁成对地装饰凤的纹样。因为图形对称，可以借助复写纸节约时间，并保证对称的视觉效果（图2-28）。

　　第一次铺色时，浅淡地铺上底色，注意花瓣之间的层次感，留出金色的部分。后期点翠的部分需要将羽毛的质感和色彩进行着重表现（图2-29）。

案例 11
点翠钿子朝冠手绘表达

素材图片：点翠钿子朝冠石金头面（清代）

规　　格：长 29 厘米　宽 16.5 厘米

现藏于北京故宫博物院

图 2-30　点翠钿子朝冠素材图片

素材解读：

　　钿子是清代妇女的头饰，穿戴时多与吉服相配。其制作工艺考究，帽胎以黑色丝绒缠绕铁丝编结而成，形似覆钵。由珍珠、珊瑚、玉石、碧玺等珠石组成各色花饰，点翠铺衬，铜镀金底托（图 2-30）。其中用于装饰的部分运用了点翠工艺，将花丝焊接在金属胎体上，先勾勒出叶片的边沿与脉络，之后根据勾勒出的脉络填补粘贴翠鸟的羽毛（图 2-31）。为了增加钿子朝冠的华丽程度，在已经点翠的莲叶、莲瓣之上钻孔，拴系珍珠作为装饰。

　　钿子的花盆边沿同样使用了花丝勾勒图案、配合点翠的工艺，以浅色翠羽为主，间或使用深色的翠羽点缀勾勒，在细节处更精致，统合了金银细金工艺中繁复的花丝工艺、镶嵌工艺与点翠工艺，花饰组成吉庆祥瑞，有蝴蝶、连钱、仙鹤、灵芝、兰花、寿桃、如意、笔、花篮、蜻蜓、天竺、石榴、祥云等纹样，其装饰风格具有宫廷首饰华丽精致的特点，寓意子孙万代、长寿如意，同时也是后宫女子地位的象征，因此取材精良，用料考究，十分珍贵。

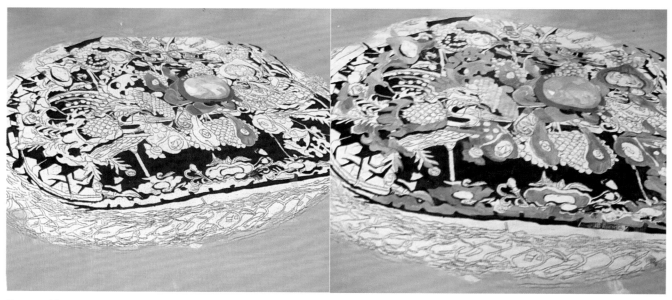

图 2-31　过程图

图 2-32　效果图（秦茜然 绘）

学生绘画感悟：

　　在绘制这幅作品的过程中，我发现美术是视觉的艺术，通过对作品不同角度、颜色、制作工艺的研究，才能总结出，来自中国古代的古典之美。把一件物体刻画得有虚有实，有亮有暗，看上去生动自然，特色鲜明（图 2-32）。

素材图片：清嘉庆梅花结子（上）

规　　格：长14厘米　宽5.5厘米

素材图片：银镀金嵌珠花簪花（中）

规　　格：长11厘米　宽5.5厘米

素材图片：清嘉庆葵花结子（下）

规　　格：长10.8厘米　宽3.4厘米

现藏于台北故宫博物院

图 2-33　素材图片

案例 12
清嘉庆梅花结子、银镀金嵌珠花簪花、清嘉庆葵花结子手绘表达

素材解读：

这一幅作品由三款清代钿花素材组成（图2-33）。根据形状和位置，钿花可分为结子、面簪、翠条、钿口、头面等。结子一词，是指位于钿子正中靠下的一种接近椭圆形的钿花。上方为嘉庆梅花结子，造型对称平衡，以众多小花集合成花丛，小珍珠花心拱着唯一的一颗红色宝石。中央以九朵累丝嵌珠梅花排列成花形，两旁延伸出的叶脉、叶片组合成了非常唯美的造型，叶子以点翠作为装饰。第二个钿花也使用了珍珠和点翠的工艺，但与上方的结子不同，此款珍珠更加豪华，珍珠多为异形。中间的镀金嵌珠花簪，略呈弯月形，正中为累丝花卉，花芯及花瓣上皆嵌有珍珠，花芯周围绕珠花蕊，瓣沿饰点翠，瓣间穿插有点翠叶；花两侧延伸点翠卷叶纹，整器纹饰对称。下方的葵花结子，中间有葵花一朵，用精细的累丝营造出花瓣，其间用点翠做出花蒂的图案，花芯嵌东珠，非常明亮。两旁各有一个小莲花，以红宝石为花心，周围由点翠工艺的如意形花瓣将三朵花进行连接。

图 2-34　过程图片

图 2-35　最终效果图（刘曦雯 绘）

2.4 其他优秀作品欣赏

图 2-36 明孝靖皇后三龙二凤冠（蔡博轩 绘）

图 2-37　耧珠点翠嵌宝福寿绵长富贵天香钿子（薛晰予 绘）

图 2-38　晚清点翠镶宝凤凰发簪（闫志豪 绘）

图 2-39　黑缎嵌点翠凤戏牡丹钿（王柳懿 绘）

图 2-40　铜鎏金五叶冠（李显扬 绘）

图 2-41　银镀金点翠嵌宝石蝠寿纹簪（左）银镀金嵌宝石蝠寿纹簪（右）（王馨悦 绘）

图 2-42　明代镶嵌玉花及红蓝宝石发簪（李思佳 绘）

图 2-43　点翠发簪（张思彤 绘）

第三章 当代时尚配饰手绘表达

章节内容：当代时尚配饰的特点、主要风格，时尚包袋、鞋靴、珠宝首饰的款式与结构特点。分析介绍板绘与传统手绘的异同与绘画方法。

教学目的：通过对当代时尚配饰风格特点的介绍理解配饰的结构与具体款式，并在此基础上学习时尚配饰的手绘表达方法。

教学方式：利用图片资料与手绘范例进行课程讲授

教学要求：1. 了解当代时尚包袋的绘画表现

2. 了解时尚珠宝首饰的绘画表现

3. 了解板绘时尚配饰的绘画表现

课前准备：绘图工具复印纸70克/米² 以上，拷贝纸、水彩纸、卡纸，HB或2B铅笔，0.2～0.5毫米铅芯的自动铅笔，固体水彩、彩铅，珠宝模板、小三角尺、短直尺，橡皮、可塑橡皮、削笔刀等。

当代时尚配饰手绘表达，需要对当代配饰的风格特点以及其产生的环境背景有所了解。配饰在经历两次世界大战、机器化大生产、经济全球化等巨大的社会因素影响下逐步从传统走向当代。可以说，当代配饰无论是功能、形式结构，还是从材料、加工技术等层面都与传统配饰有着巨大的差异。古代的服饰材料相对单一，主要以棉麻为主，而当代服饰采用了丰富多样的材质，如化纤、混纺、丝绸等。古代时期，由于生产技术和纺织技术的限制，人们普遍穿着棉麻质地的衣物。古代服饰的颜色和款式受到严格的

社会等级制度限制，普通百姓服饰较为单一。当代配饰款式也更加多样化，穿搭更加自由，且材料、图案变化丰富。此外，古代的服饰加工主要依靠手工，如手工编织、刺绣和染色等技艺，当代服饰生产则大量采用机械化和自动化设备，如缝纫机、绣花机和印染设备，这些技术大大提高了生产效率和服饰的精细度。当代服饰品的这些变化会对手绘表达产生重要的影响。所以，在进行创意设计与手绘表达时需要明确当代配饰设计的表现特征，结合具体的设计目的进行表达。以下将具体介绍当代配饰的产生背景和风格特点。

3.1 当代时尚配饰的特点

当代时尚配饰在世界大格局、大环境变化过程中不断凝练，形成独特的风格。两次世界性的战争、女性地位的提升、经济全球化、科技的进步等都在不断加速当代时尚行业的步伐。战争期间由于劳动力的缺失，女性就业率提高，女性开始承担更多的社会和经济责任，这使得女性地位得到提升，女性时尚配饰也变得更加多样化和个性化，对于服饰品的需求发生了巨大的变化。时尚配饰更加关注实用性和功能性，设计变得更加简约舒适。

科技进步使得新型材料的研发成为可能，这些材料往往具有更好的性能，如更轻、更强韧、更透气等。

好莱坞电影和《时尚》杂志的时尚的推广对于当代配饰的国际一体化起到了重要作用（图3-1、3-2），世界各地的文化资源与设计产品可以迅速传播和交流。当代时尚配饰也越来越多地融入了不同文化元素，反映出跨文化交流和融合的趋势。当代设计已经跳出传统意义上为权钱阶层的设计，而更加注重为大众服务，这意味着设计师们会考虑到更广泛的消费者群体的需求和预算。

当代设计师们在选择材料时不仅考虑成本和功能性，还会考虑到设计的可持续性、环保性以及如何传达品牌理念。因此，当代配饰设计不仅仅关于美观，还涉及伦理、社会责任和技术创新。以下将从当代时尚配饰的风格与结构、款式等方面进行具体的分析：

图3-1 Niagara Maid Underwear 时装绘画 1910

图3-2 《时尚》杂志时装绘画

3.1.1 多元化的风格与材料

当代时尚产品为满足消费者的各种层次、不同个性的需求而衍生出了多元化的风格。例如极简化风格，复古主义风格、新中式、哥特风格、未来科技等主流风格（图3-3、3-4）。不同的风格下配饰产品需要有相应的材料进行设计表达。如未来科技风格，使用新型材料和高科技织造技术，创造出具有未来感的配饰设计。社会快速发展，户外活动成为人们生活的一部分，可持续时尚和环保材料也越来越受到重视。设计师们开始探索如何将环保理念融入设计中，使用可回收材料或有机环保材料是重要的配饰设计趋势。

在配饰设计领域，出现了多样化的材料表现。如图3-5所示，随着印花的成本降低，包袋的加工工艺中，可以通过各种印花图案代替传统的刺绣。此外，首饰材料也更加多元化，如塑料、树脂、硅胶等，这些材料成本较低，易于加工，可以创造出各种颜色和形状的设计（图3-6）。陶瓷和玻璃这些材料可以通过不同的工艺制作出独特的饰品，如手工制作的陶瓷珠子或彩色玻璃制品。木质材料、半宝石材料也是当代首饰常使用材料（图3-7），在设计中需要打破对于传统配饰材料的禁锢，对于材料有着丰富的认知，充分运用不同材料质感的共性与特性进行设计。

图 3-3 哥特风格鞋靴设计（付雅琪 绘）

3-4 国风首饰设计（刘容嘉 绘）

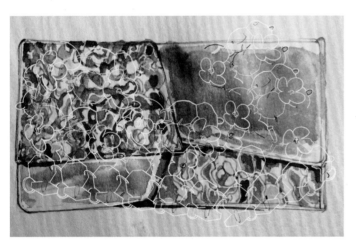

3-5 印花包袋的材质表现（李姝玉 绘）

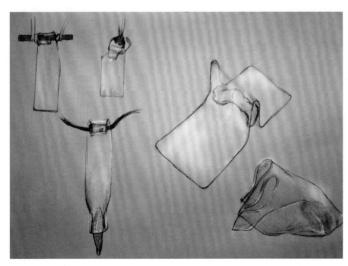

图 3-6 透明塑料质感的绘画表现（耿凡迪 绘）

图 3-7 木质、玛瑙首饰质感表现（尹婧雯 绘）

3.1.2 跨界设计表达

跨界设计强调不同领域之间的相互渗透和融合。在时尚配饰设计中，设计师会将建筑、艺术、科技等多个领域的元素融入配饰设计中，从而创造出独特的风格和表现形式。跨界设计主要体现在将不同文化和艺术形式融入配饰设计中，比如民族风格的图案、抽象艺术的造型等，这些都能够为配饰增添更多的文化内涵和艺术价值（图3-8），也可以结合科技进行设计创新（图3-9）。跨界设计鼓励设计师跳出传统材料的使用框架，尝试新的材料组合和颜色搭配，这样的创新能够让配饰作品展现出不同的质感和视觉效果图（图3-10）。

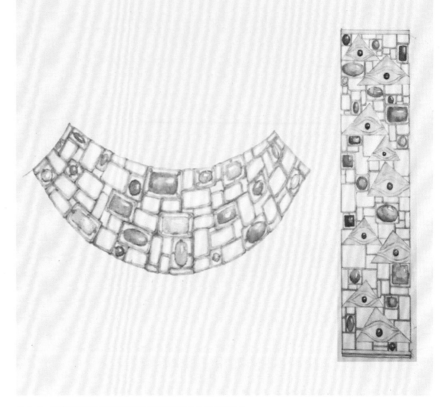

图3-8 灵感来源于克里姆特的艺术化首饰设计（刘青青 绘）

图3-9 电子科技与时尚结合的包袋设计（金钰 绘）

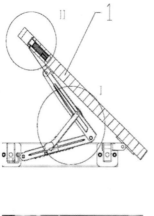

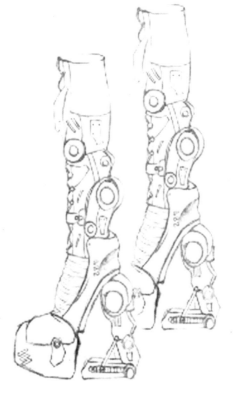

图3-10 科技跨界鞋靴设计草图（宋容仪 绘）

3.2 时尚配饰的结构与款式

3.2.1 包袋的基本结构与款式

（1）包袋的基本结构

① 开关方式

包袋的基本结构通常包括以下几个部分：首先，包袋的开关方式。包袋的开关方式主要包括架子口式、带包盖式、敞口式、拉链式和半敞口式等，如图3-11所示。

架子口式开关方式常用于女士手包，具有复古美感。架子口式造型丰富，如直线、工字方形、弧形等。架子口式的材料主要有金属、木质、树脂等，多为一体成型。西方近代的女性手包，其架子口开合部分通过镶嵌珠宝的方式呈现出奢华的效果。今日

图 3-11　包袋的主要开关方式

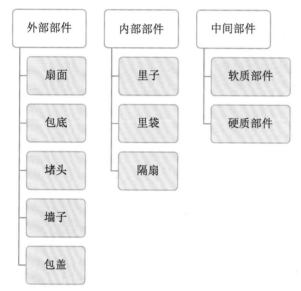

图 3-12　包袋的基本结构（组成部件）

3-13　包袋盖的不同造型（姜宛彤 绘）

架子口式的包袋多用于复古风格的包袋设计中，常搭配木质、竹质提手营造新中式美感。

带包盖式的开合方式则更加日常化。带包盖式的形状和比例会直接影响到包袋的整体风格。所以在设计带包盖式包袋时，包盖部分往往是设计的重点。此外，包盖还具有一定的功能性，对于包袋的封闭，保护包内物品不易掉落等方面有作用。带包盖式包袋常见于公文包或手提包等较为正式的包袋。以拉链的方式作为开口也是极为常见的。拉链式是当代包袋常见的一种开关方式，通过拉链的拉动来关闭或打开包袋。这种设计既方便又安全，能够很好地保护包内物品，并且适合各种类型的包袋设计。

敞口式包袋没有复杂的开合结构，用户可以直接用手伸入包内取出物品。这种设计简洁方便，但安全性和保护性相对较低。半敞口式结合了敞口式和全覆盖式的特点，抽绳式就是半敞口中的典型，常用于较为柔软的材料，如绒布、软皮革等，这些材料使得包袋手感柔软温和，抽绳后会呈现出自然的褶皱。

② 包袋的基本结构

包袋的基本结构主要由外部、内部和中间层组成（图3-12）。

首先，外部结构方面，扇面是包体的主体部件，在前后扇面后墙子的结构中，前后扇面是单独存在的。包底是决定包袋形状的关键部件之一，包底的形状和尺寸决定扇面的尺寸和形状，包底的形状有长方形、椭圆形和圆形。堵头专指包体的侧部，堵头的高度主要取决于扇面的高度，其上部的宽度取决于包的开关幅度，形状决定了包的侧面形状。墙子是指与前后扇面相连接而构成包体侧部的部件，与堵头的不同在于它不但构成包体的两侧，而且可以构成包体的底部和上部。形状有长条形、上窄下宽形和异形，如采用上宽下窄形可增加包体的储物容积。包盖不但是一种开关方式，而且是装饰包体的手段，包盖的尺寸和形状直接影响包体的款式风格（图3-13）。

包袋的软硬度主要受制于中间层的材料硬度，如图3-14所示，可以有软体包、半硬质感包，其中间层多由泡沫、棉、纸等较软材质组成。

③包袋配件

包袋的携带方式丰富多样，有手拿、斜挎、单肩背、双肩背、手拎等。与之相适应的，在设计表达时可以考虑到包袋与人发生的肢体关系，充分思考造型审美等方面的特点进行包袋的设计（图3-15）。

包袋的配件部分是影响到包袋整体设计与品质的重要组成部分。其中包括手柄部分、包袋的五金配件、包带等部分。手柄是包袋的携带部分，通常由坚固的材料制成，以便于携带。如扣子、拉链、肩带等，虽然是辅助材料，但对于包袋的外观和功能性也起着重要作用。包袋的链条、肩带都是设计装饰的重点，虽然主要用于连接包袋与包体或作为肩带的一部分，但也起到装饰作用。

此外，扣环、扭锁、D环等金属配件无论从造型、到使用的材料、颜色等都十分影响包体的风格，可以在金属部件中进行创意设计（图3-16）。包袋的主要金属配件主要有以下类型：

扭锁：扭锁主要用于箱包的开口部分，也可以用于其他服饰五金配件的装饰和固定。扭锁的设计多样，可以是圆形、十字扣、方形等。

图3-14 软体包袋（姜宛彤 绘）

图3-15 不同携带方式下包袋配件的表现形式

D环：D型环扣是一种具有特定形状的金属环，因其形状类似字母"D"而得名。它被设计用来连接背包的不同部分，如带子、环和其他可调节组件，以调整背包的大小和形状。D环可以用于悬挂额外的物品如帐篷或睡袋，而且在紧急情况下，它还可以被用作连接安全绳的锚点，确保使用者的安全，所以在旅行包袋、双肩背包中常使用。

调节扣：包袋调节扣是一种用于调整包带长度的配件，它能够帮助用户根据自己的需要调整包带的长短，以适应不同的身高和个人喜好。这种调节扣通常用于织物型肩带的包包。此外还有插扣式调节扣也可以调整带子的长度，适合用在背包或书包上。

脚钉：包袋脚钉是用于固定和支撑箱包底部的五金配件，有助于保护箱包不受磨损，根据不同的箱包设计和需求，脚钉的尺寸也会有所不同。此外，脚钉不仅是功能性配件，也可以作为装饰元素。有些脚钉设计成半圆形状或其他装饰性形状，既实用又美观。

图3-16 国风青铜包袋配件设计（严浩宇 绘）

④ 包袋材料

包袋的材料主要分为外部材料、内部材料、中间材料。

包袋的外层通常由各种类型的布料、皮革或合成材料制成，如图 3-17 所示。布料是最常见的包袋外部材料之一，包括棉布、帆布、麻布等，布料多用于日常使用的包袋，如休闲包、购物袋等，因其轻便和易于清洗而受到欢迎。皮革材料是高档包袋的常用材料，具有良好的耐用性和时尚感。此外还有合成皮革，如 PVC、PU 革，这些材料具有类似真皮的外观和质感，但成本较低，耐用性好，常用于制作时尚包和商务包。此外，草编、竹编、皮革编织等包袋，通常用于体现特色工艺，呈现浓厚的手工感和民族特色，赋予包袋独特的审美价值。包袋的材料极为丰富，除去以上常用的材料外，还有可回收或生物降解的材料，如再生塑料、有机棉等，具有一定拉伸力的网格材料，具有一定的弹性，受力好，不易拉断，适用于需要承载一定重量的包袋。

包袋的中间层所使用的材料，通常有纸板、塑料板、海绵等。纸板是制作箱包，尤其是硬壳箱包常用的材料之一。它通常用于支撑箱包结构，保持形状，并提供一定的刚性和保护性。纸板的种类很多，不同厚度和强度的纸板适用于不同类型的箱包产品。塑料板作为中间层材料，可以提供更加坚固和耐用的结构支持。塑料板具有轻便、耐水和易于成型的特点，常用于需要防水或较为复杂形状设计的包袋中。海绵及泡沫材料通常用于需要增加缓冲性的包内，如电脑包、相机包等。它们能够吸收冲击，保护内部物品不受损伤。

包袋的里袋部分通常使用多种类型的材料，这些材料的选择取决于包袋的设计、用途和成本考虑。其中棉质面料是最常见的里袋材料之一，因为它柔软、耐用且易于清洗。涤纶也是常用的里袋材料，具有较好的耐磨性和抗皱性。尼龙材料轻便且耐磨，经常用于制作户外

图 3-17　包袋不同材质的表现

或运动包的里袋。绒布或其他柔软的织物也可以用作里袋材料，以保护存放在包内的物品不受刮擦。此外，一些包袋可能会根据特定的功能需求使用特殊的里袋材料，例如防水材料或具有特定图案和颜色的布料。在选择里袋材料时，设计师会考虑到材料的功能、耐用性、成本以及与包袋外部材料进行里袋搭配。

（2）包袋的基本款式

时尚包袋的基本款式多种多样，每种款式都有其独特的魅力和功能。以下是以手绘线稿的方式表现不同的包袋款式结构。

单肩包：最为经典的大类别之一。单肩包，顾名思义是一种设计为可单肩背负的包袋。单肩包的包袋的重量落在一个肩膀上，考虑到舒适性，单肩包的包袋材料和宽度需要符合人体工学。单肩包的形式多种多样，有方形、圆形、椭圆形等各种不同的形状（图 3-18）。它们的大小也各不相同，有小巧的手提单肩包，也有可以装下笔记本电脑的大型单肩包。此外，单肩包的材质也有很多种，如皮革、布料、塑料等。单肩包的设计使得它在携带时非常方便。由于只有一个背带，用户可以轻松地将包包挂在肩膀上，所以其款式常有休闲、时尚的风格。

图 3-18　单肩包线稿表现（王璨 绘）

　　手提包：非常常见的女包款式（图3-19），通常使用优质皮革或帆布等材料制成，设计风格简洁，既可搭配正式场合，也适合日常使用。虽然称为手提包，但许多手提包也设计有肩带，可以肩背或斜挎，增加了使用的灵活性。

图3-19　手提包线稿表现（张一坤 绘）

　　斜挎包：非常适合日常出行使用。斜挎包的包袋分为可拆卸和不可拆卸两种（图3-20）。

图3-20　斜挎包线稿表现（张一坤 绘）

手拿包：往往款式小巧精致，体积较小，便于携带（图3-21）。手拿包适合晚宴或正式场合使用，可以放入少量的个人物品，如名片、银行卡、手机等。手拿包通常用来搭配晚礼服，材料也多选用与礼服相映衬的小羊皮、丝绒等柔软细腻的材料，并结合刺绣、印花等工艺让包袋更显精致。当然，在时尚趋势的引领下，有部分品牌也相应推出适合日常生活使用的手拿包。这些包袋多数为品牌经典款式的缩小版。

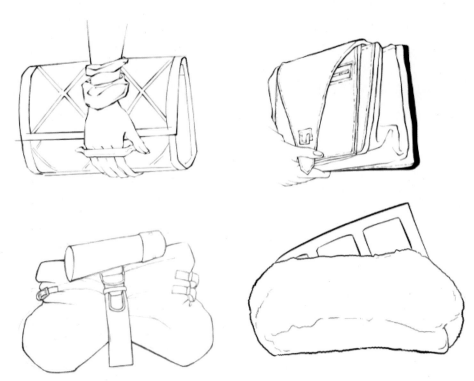

图 3-21　手拿包线稿表现（王璨、张一坤 绘）

当然，包袋的款式众多，在此无法一一列举其款式。除了常见的基本款之外，还有各式异形包袋，如图3-22所示，造型上可以有 T 形、心形、圆形包袋，从软硬度上，可以是极为柔软的包袋，也可以是非常硬朗的包袋。

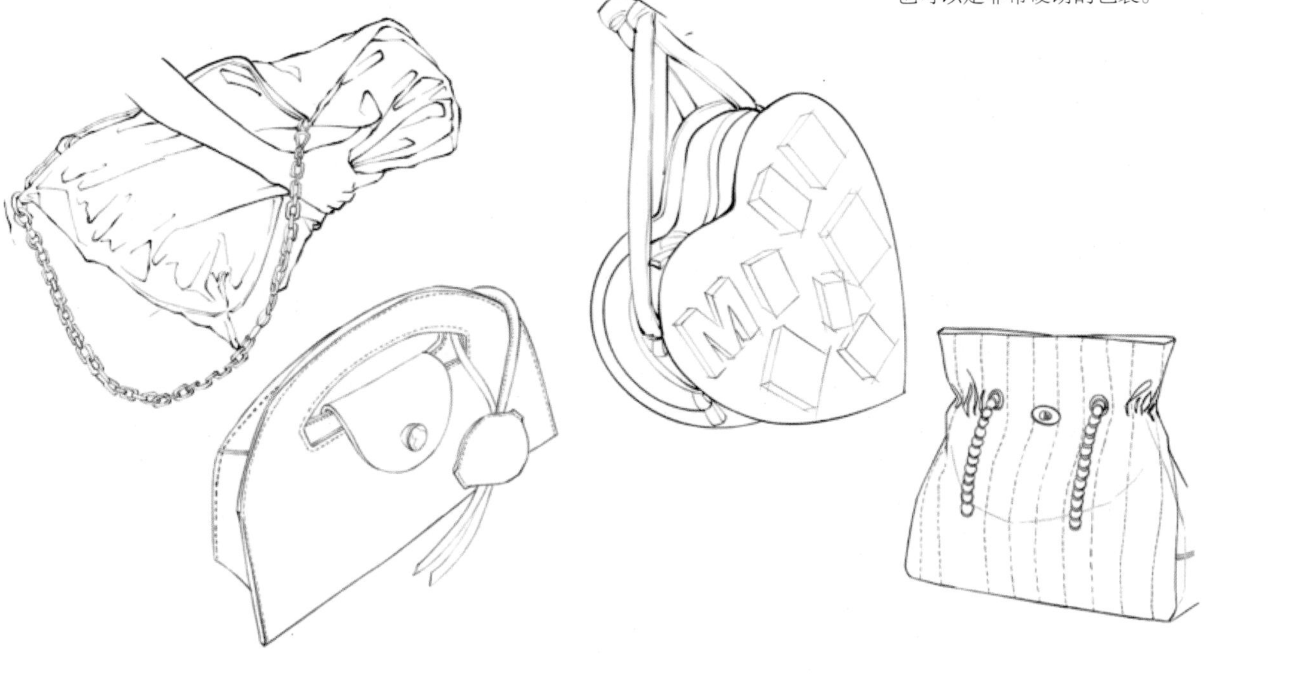

图 3-22　其他包袋款式（杜禹萱、张一坤 绘）

3.2.2 时尚鞋靴的结构与款式

鞋靴的作用主要体现在保护脚部、提供稳定性与平衡性，是集美观性及功能性为一体的服装配饰品。在进行鞋的绘画过程中，需要考虑到人体的脚部结构和力学等重要因素。鞋靴相对于其他服装配饰对于符合人体工学有更严格的要求，所以在绘画和设计时，需要考虑到不同的受众群体的脚型特点和功能性要求。此外，鞋靴设计还需要有时尚感和设计美感，如何把握舒适性和美感之间的度是设计表现的关键。

（1）鞋靴的基本结构

鞋靴的基本结构通常包括鞋面、内里、鞋垫和鞋底等部分（图3-23）。

鞋面：是鞋子的外部覆盖，通常由皮革、PU、布料或其他材料制成。它的主要功能是包裹和保护脚部，同时也决定了鞋子的外观和风格。内里：也称为帮里，是鞋面内侧与脚直接接触的部分。内里材质需要具备吸湿、耐磨、支撑和耐曲的性能，以确保穿着舒适和卫生。鞋垫：位于鞋内部底部，与脚底直接接触。鞋垫的设计和材料影响着鞋子的舒适度和功能性，如提供缓冲或支撑等。鞋底：是鞋子的底部，主要由大底（外底）、中底和内底（中底的一种）组成。鞋底的设计关系到耐磨性、防滑性以及走路时的舒适度。除了上述主要部分，鞋子还可能包括其他辅助结构和装饰元素，如鞋舌、鞋带、鞋扣、鞋眼、鞋口等，这些部件增强了鞋子的实用性和美观性。

图3-23 布洛克女鞋的基本结构示意图（胡蝶 绘）

（2）鞋靴的基本款式

鞋靴的款式多样，可以根据不同的标准进行划分。按款式可以分为牛仔靴子、运动鞋、乐福鞋、牛津鞋、凉鞋、拖鞋等；按鞋跟的高度可以分为平跟鞋、半高跟、高跟鞋、坡跟鞋等；按季节则可以分为单鞋、夹鞋、棉鞋等。此外，还可以按照材料、工艺、品牌类型等进行分类。以下将按照款式进行具体分析：

首先，凉鞋是一种开放式的鞋类（图3-24），主要特点是通风透气，适合夏季穿着。凉鞋的鞋型多种多样，常见的有拖鞋式、便鞋式、高跟式、平底式等。拖鞋式凉鞋简约轻便，适合居家穿着；便鞋式凉鞋则更加时尚，适合日常穿着；高跟式凉鞋则更显女性魅力，适合正式场合穿着；平底式凉鞋则舒适稳定，适合长时间行走。

凉鞋的鞋跟设计也各不相同，有平底、中跟、高跟、楔形跟等。凉鞋的鞋头设计有圆头、方头、尖头等（图3-25）。圆头凉鞋给人一种可爱、温柔的感觉；方头凉鞋则更加时尚、个性；尖头凉鞋则能拉长脚部线条，显得更加修长。

凉鞋最具特色的便是鞋带的设计，可以说凉鞋的鞋带设计也是其重要的款式特点之一，有一字带、交叉带、多带等。一字带凉鞋简约大方，适合各种场合穿

图3-24 凉鞋线稿表达（杜禹萱 绘）

图3-25 凉鞋线稿表达（杜禹萱 绘）

图 3-26 女靴线稿表达（张一坤 绘）

着；交叉带凉鞋则更加时尚，能增加脚部的立体感；多带凉鞋则能提供更好的固定性，防止脚部滑脱。凉鞋的材质也会影响其款式特点，常见的有皮质、布质、塑料等。

靴子是一种古老的鞋类。远古人类为了保护脚部不受伤害，开始使用兽皮、树皮等自然材料包裹脚部。全世界发现的第一双鞋是新疆楼兰孔雀河出土的羊皮女靴，约有 4000 年的历史。这表明早在史前时期，人们已经制作并穿着类似靴子的鞋履，以适应狩猎和采集的生活需要。

由于畜牧和军事需求，早期的靴子多出于实用功能，而到当代，靴子不再局限于实用性，而是涉及时尚和审美（图 3-26）。靴子通常根据筒高来分类，比如短靴（踝靴）或是更高的款式比如及膝靴。此外，还有特定功能的靴子，如登山靴、雨靴、沙漠靴等，其中还有一些经典的靴子类型包括马丁靴、牛仔靴、机车靴、作战靴等。这些分类往往和靴子的历史背景及使用场景密切相关。

鞋跟在设计时极为重要，直接影响到人体的步态以及整体鞋靴的造型审美。鞋靴的跟部造型多样，关于鞋跟的造型特点，我们可以从几个方面进行理解。鞋跟的设计不仅要考虑其基本功能，如使行走更为省力，还要考虑如何与人的脚部结构相适应，并增强人体美及服饰的整体美感。鞋跟的高度、形状以及与鞋底的配合都是造型设计中的重要元素。例如，男女士皮鞋的鞋跟高度通常不同，女士鞋跟可高达 10cm 以上，而男士则大约在 2cm 左右。此外，根据不同的时尚潮流和文化需求，鞋跟的形状有多样变化，比如直跟、卷跟、坡跟等。

设计时鞋跟的重要性不容忽视，它直接关系到鞋子整体的舒适度和美观度。设计师在构思时会考虑到穿鞋者脚部的线条美感，以及鞋跟如何能更好地展现这种美。鞋跟的设计不仅要满足基本的功能性，如保护脚趾和提供足够的支撑，还要考虑到散热和舒适度等因素（图 3-27）。更重要的是，鞋跟作为时尚的象征，其变革和设计也反映了社会文化的变迁和人们审美的发展。高跟鞋尤其能体现女性身姿的优雅，尽管它们有时可能对穿着者的身体造成不适。

总之，鞋跟的设计是一个综合艺术与科学的过程，它需要平衡美学、功能性和人体工程学的要求。一个成功的鞋跟设计能使穿着者在展现个性和品位的同时，享受到舒适和健康的体验。

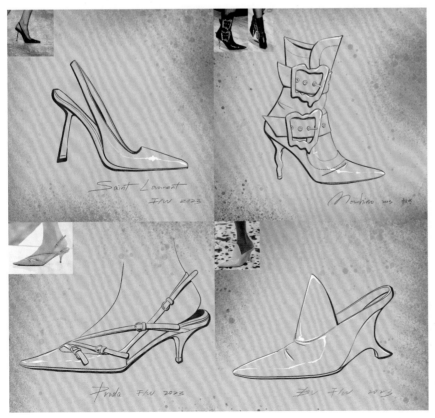

图 3-27 不同的鞋跟造型与绘画表达（王璨 绘）

3.2.3 珠宝首饰的种类与材料表现

（1）珠宝首饰的种类

① 戒指：戒指相较于其他首饰而言更强调立体感，也是在绘画表现时更需深度学习的一类款式。戒指的材料丰富，可以有宝石材料戒指，也可以是金属戒指，当然现今也不乏树脂、木质等其他材料戒指。如果按照款式而言，表面光滑无图案的简约的戒指被称为素戒，男女老幼皆宜。部分素戒可能在内圈隐秘地镶嵌珍贵钻石，外表朴素而内在精致。而宝石类戒指，则可以有单主石戒指、群镶戒指等类型。

在绘制戒指时，首先需清楚戒指的尺寸，切勿将戒指放大到手镯的尺寸，引起误会。在绘制珠宝首饰时，需要明确各类型的首饰几乎为等比例绘画。我国女士戒指的戒圈尺寸可参照戒指尺码对照表（表3-1）。在绘制女戒时直径可控制在 17～20mm，男戒的尺寸可为 18～23mm。

表3-1 戒指尺码对照表（港号）

号 型	8	9	10	11	12	13	14	15
直径（mm）	14.9	15.2	15.6	15.9	16.3	16.6	17	17.4
周长（mm）	47	48	49	50	51	52	53	54
号 型	16	17	18	19	20	21	22	23
直径（mm）	17.7	18	18.4	18.7	19.1	19.5	19.8	20.1
周长（mm）	55	56	57	58	59	60	61	62

在绘制戒指时需要重点强调透视关系。透视关系是绘画中表现三维立体和空间距离关系的重要概念，它基于"近大远小"和"空间纵深"的视觉现象。在绘制戒指时，正确的透视关系能够让戒指看起来更加真实和立体。表现戒指的立体效果常使用二点透视和三点透视。其中两点透视的特点是有两个消失点，通常用于表现物体正面或侧面的视角。在绘制戒指时，如果选择正面或侧面视角，可以使用两点透视来确保戒指的两个主要面（顶面和侧面）的线条向两个消失点收敛，从而营造出立体感（图3-28）。

三点透视则增加了一个纵向消失点，适用于俯视或仰视的角度，能够更好地表现高度和垂直方向的空间变化。当绘制戒指的顶部或底部视图时，三点透视能够帮助体现出戒指的高度和深度（图3-29）。

在进行透视表现时首先需确定视平线：视平线是观察者眼睛高度的一条假想水平线，它与地平线相结合，帮助确定物体在空间中的位置和视角。在两点或三点透视中，所有的透视线都会指向消失点。在绘制戒指时，确保所有的线条都按照透视规律朝向相应的消失点，以保持透视的一致性。

需要根据需求选择透视角度时，如果是从上方观察戒指，并需要体现出戒指台面的设计，建议使用三点透视来正确表现戒指的形状和结构。而如果需要体现戒指的侧面设计点，则更适合二点透视。此外，在绘制戒指时，要注意其厚度和透视变化的关系，这对于戒指的立体感和真实感至关重要。

图3-28 两点透视戒指的绘画表现（张一坤 绘）

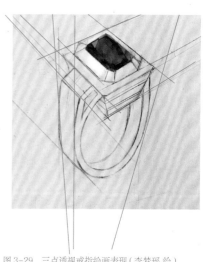

图3-29 三点透视戒指绘画表现（李梦瑶 绘）

戒指的结构由戒面（主石、配石）、戒腰、围顶、指圈、戒圈组成（图3-30）。

戒面是戒指的主要观赏面，是在设计与绘画表现时的重点部位，戒面一般可以细分为主石和配石，主石颗粒相对较大，一般位于中心位置，配石颗粒小于主石，起到承托和搭配的作用。

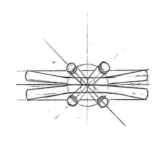

图 3-30　戒指的结构示意图

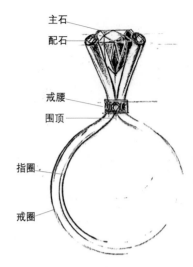

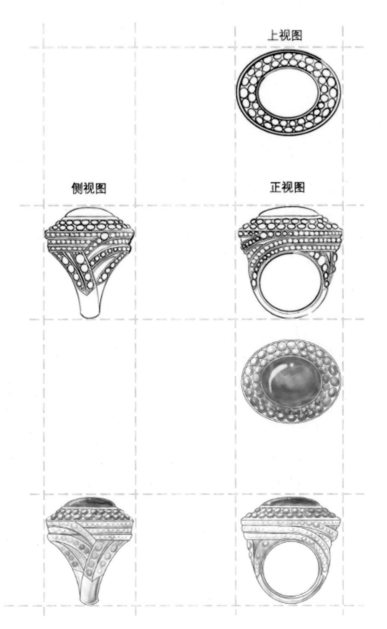

图 3-31　戒指三视图 王璨（上）梁暄彤（下）绘

戒腰顾名思义为戒指的腰部，是戒圈与戒面之间的位置，也是重要的设计点，常通过镶嵌小颗宝石或雕刻花纹进行装饰。

围顶石在戒腰的正下方，是隐藏在内的，与手指接触的部分。

指圈指戒指的内圈，一般为正圆形。绘画时需要按照需要的尺寸确定指圈的直径。

戒圈是戒指的外圈部分，在设计时需要考虑到不同材料、风格戒指厚度的差异。

戒指由于其特殊性，一般采用效果图与三视图结合的方式（图3-31），可以从不同的角度进行精细地表达。绘制效果图是为了以最佳展示角度表现出戒指的各个部分细节，而三视图则是为了从三个不同角度直观展示戒指细节，便于加工制作。如有不对称的戒指款式，则需要详细地绘制出左右两个侧视图，称为四视图。如果戒指的款式简单，戒圈的设计变化少时，则只用绘制上视图和正视图。

② 项饰：作为古老的装饰品之一，项饰形式和功能的演变历经了丰富的变化。从最早期的石器时代的简单饰品，到当代多样化的珠宝首饰，项饰始终承载着装饰和表现自我的双重目的。项链按其款式可分为项链、项圈、项牌三种。这些不同的项饰不仅呈现多样的外观，而且反映了不同的价值和风格。

项链的长度差异大，短链的周长为 42cm，多层佩戴的长项链甚至可超过 80cm。图 3-32 以标准的短项链为例，展示了规律性短项链的绘制方法。可以以 14 ~ 15cm 为直径画出正圆形，按照所需要的装饰规律，等比地画出从圆心到边长的辅助线，在辅助线与边长相交形成的每一个线段空间内进行有规律地排列。当然，也可以有适当的变化，或增加辅助性的装饰，如吊坠，形成更具装饰性的项链设计（图 3-33）。

项牌是由中心主体部分和链条部分组成。中心主体部分可以有单层和多层的差异。图 3-34 是简单的项牌中间主体部分的绘画表现。图 3-35 为多层豪华型吊坠，由两层或两层以上的吊坠部分组成。多层吊坠需要考虑到每层之间的衔接关系的设计，相对于单层吊坠更具有动感和华丽感。

图 3-32 规律性短项链的画法

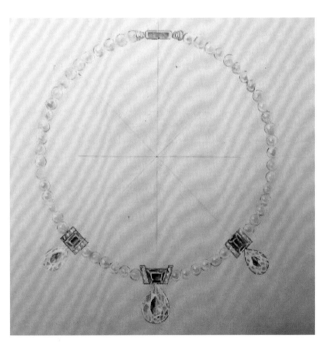

图 3-33 珍珠短项链的设计表现

图 3-35 华丽型多层式吊坠绘画表现

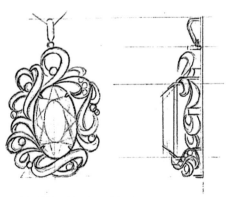

图 3-34 项链的主体部分绘画（正、侧视图）

图 3-36 综合材料首饰设计（杜胜男 绘）

项饰的款式是极为多样的，在设计时可以考虑到不同的穿戴方式，如项链的吊坠部分，可以搭配丝质材料等非常规的首饰材料，形成别致的效果（图 3-36）。

（2）珠宝首饰的材质表现

① 刻面型宝石的材质表现

刻面型宝石和弧面型宝石是在首饰的材料表现中需要练习的。刻面型宝石璀璨奢华，而弧面型宝石则以其特殊的光学效应而著称。

刻面型宝石的设计原则旨在增强宝石的色泽和亮度，特别是通过精确的面角比例和琢型定向来展现宝石火彩和光泽。这种切割方式能够发掘宝石最大的潜在价值，因为每一个刻面都经过精心设计和打磨，以折射出极致华丽的色彩。刻面型宝石通常具有对称性、合适的厚度比例以及高度的修饰度，这些因素共同影响其美观程度和整体效果（图3-37）。然而，与素面宝石相比，刻面切磨过程中对加工工艺要求较高、对宝石的损耗率较大，因此成品出成率较低、加工成本较高。

在进行刻面型宝石的色彩表现过程中，需要注意颜色的饱和度和光泽感的表现，这些因素对于最终宝石的美观程度和价值有着直接的影响。颜色的饱和度是指颜色的纯度和强烈程度。高饱和度的颜色通常更加吸引人，给人以深刻的视觉冲击，使得宝石更具有豪华感。

在表现时，还需要考虑到不同宝石的颜色区间范围，做到心中有数。如图3-38、图3-39所示。

图 3-38　马眼形（左）、圆形（右）刻面型宝石的色彩表现（宁杰彦 绘）

图 3-39　祖母绿型（左）、椭圆形（右）刻面型宝石的色彩表现

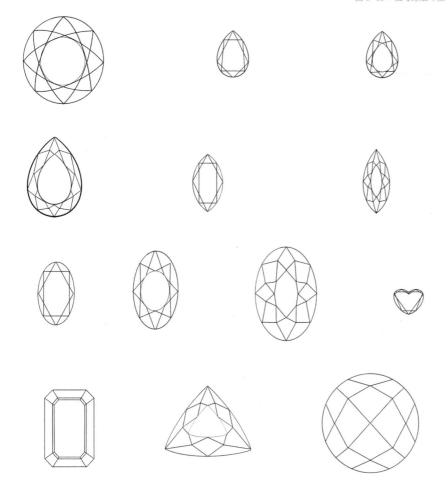

宝石通常具有较高的透明度，如钻石、红宝石、蓝宝石等，这使得它们在绘画中可以呈现出明亮的光泽和丰富的色彩。宝石的颜色通常较为鲜艳，如红宝石的红色、蓝宝石的蓝色等，这使得它们在绘画中可以作为亮点来使用，增加画面的视觉冲击力。宝石的质地通常较为坚硬，如钻石、红宝石等，这使得它们在绘画中可以呈现出较为明显的光影效果，增加画面的立体感。宝石的光泽通常较为明亮，如钻石的璀璨光芒、红宝石的艳丽光彩等，这使得它们在绘画中可以作为光源来使用，增加画面的明暗对比。

图 3-37　各种形状的刻面型宝石线稿（杜禹萱 绘）

② 弧面型宝石的材质表现

弧面型宝石通常用于不透明和半透明的材料，或者那些具有特殊光学效应（如猫眼、星光等）的宝石。玉石、珍珠、琥珀、玛瑙等为弧面型切割材料，在绘画表现中各有侧重。而玉石的透明度相对较低，如翡翠、和田玉等，这使得它们在绘画中呈现出更为柔和的质感。玉石的颜色多样，如翡翠就有绿、紫、白、红等色，和田玉的颜色也从白到墨色不等，但玉石的颜色相较于红蓝宝石的浓艳则更加柔和，且因其为非晶体，由多种元素组成，颜色常不均衡，这也是在绘画表现时需要考虑到的。此外，玉石的质地较为温润，如翡翠、和田玉等，这使得它们在绘画中可以呈现出较为柔和的质感，增加画面的和谐感。图3-40为"叶"主题的翡翠设计与绘画表现，翡翠作为主体材料，体现出色彩与半透明的质地，此外，弧面型的高度可以通过明暗交接线和高光的位置来体现。

珍珠的最大特点是其强烈的表面光泽，这是由于光线在珍珠表面的反射以及内部珠层对光的干涉作用共同形成的。珍珠的颜色多种多样，不同类型珍珠的大小各有特点，珍珠之所以拥有多种颜色，是因为其成因复杂，涉及到母贝种类、生长时间的长短以及生长水域条件等因素。天然珍珠的颜色非常丰富，常见的有白色系列（如纯白色、奶白色等）、红色系列（如粉红色、浅玫瑰色等）、黄色系列（如浅黄色、金黄色等）以及黑色系列（如

黑色、蓝黑色等）。不同类型珍珠的大小也有所区别。例如，淡水珍珠的大小一般在6~9mm之间，而南洋珍珠则较大，一般直径为10~15mm，甚至可达18mm或以上。在绘画时，需要考虑到珍珠大小与首饰金属部分的比例关系。

而珍珠珠光与伴彩在绘画中主要通过色彩的叠加和光影效果来表现。珍珠珠光与伴彩的绘画表现，这需要捕捉珍珠的体色、伴色和晕彩三者的综合视觉效果。在绘画中，可以通过叠加不同颜色来表现漂浮在珍珠表面的伴色，并通过对光影的精心处理来描绘珍珠独有的晕彩效果。珍珠以其多样的颜色、独特的珠光和伴彩，成为了珠宝设计中的宠儿。在绘画表现上，通过对这些特性的细致捕捉，可以生动地再现珍珠的魅力。

综上，刻面型宝石适合那些透明度高、净度好的宝石材料，绘画时需要表现切割工艺增加其光感；而弧面型宝石颜色更加温和，不同品种的宝石需要表现的光学效应不同。宝石和玉石在绘画表现中的差异主要体现在透明度、颜色、质地、光泽等方面，这些差异使得它们在绘画中可以呈现出不同的视觉效果和艺术表现力。宝石和玉石在绘画中的表现还受到各自所承载的文化内涵的影响。例如，在中国传统文化中，玉石被赋予了吉祥、美好的寓意，因此在绘画中常常用来表现祥瑞、和谐的场景。而宝石则常常被用来象征权力、地位和财富，因此在绘画中常常用来表现奢华、繁华的场景。

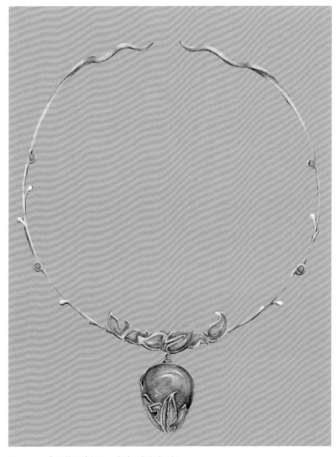

图3-40 翡翠的设计与绘画表达（袁文龙 绘）

③ 金属材质的表现

首饰设计中常用的金属材料主要包括金、银、铂、钯以及各种合金。黄金具有极佳的延展性和柔软质地，呈黄红色并带有明亮的金属光泽。在绘画时，通过高光和阴影的处理来展现这些独特的光泽和反射效果。于金属表面的特殊处理或装饰工艺，如雕刻、镶嵌等，也需要在绘画中细致地表现出来。这要求设计师不仅要有艺术感，还需要具备一定的工艺知识。金属如涉及腐蚀、錾刻、雕花、拉丝等工艺，需要通过手绘表现首饰金属材料与相关工艺。如图3-41~图3-43展示了不同金属材料质感，腐蚀、金属做旧，用斑驳的色彩来表现金属表面的腐蚀效果，使图案呈现出复古或侵蚀的感觉。

图3-42 金属绕线首饰设计表达（唐羽彦 绘）

图3-41 不同金属质感的表达

图3-43 金属、珍珠质感的绘画表现（梁暄彤 绘）

（3）套系首饰

套系首饰是指一组在设计风格、材质或主题上相互关联、协调统一的首饰品。

套系首饰的概念，从最早期的定义来看，首饰主要指头部的装饰物，例如古代中国的"头面"包括梳子、发钗、冠帽等。随着时间的推移，当代的套系首饰已经不仅仅局限于头部装饰，而是扩展到了与服装相配套的各种装饰品，如耳环、项链、戒指、手镯等，它们通常由贵重金属、宝石等材料制成，不仅用于装饰，也体现了一定的社会地位和财富。

设计套系首饰时，需要明确作品的风格和主题，并选择合适的形式和材料来表达这一主题。图3-44表现的套系首饰，从设计语言到具体的图案、色彩都是统一的。图4-45是以葫芦为设计主题，款式之间有着关联性，相同的材料和语言贯穿始终。在设计套系首饰时，设计师需要从整体出发，考虑如何将各个单品融合为一个有机的整体，以确保整套首饰在视觉和风格上的一致性。

图3-45　套系首饰的绘画表现（梁暄彤 绘）

图3-44　套系首饰的绘画表现（黄逸璇 绘）

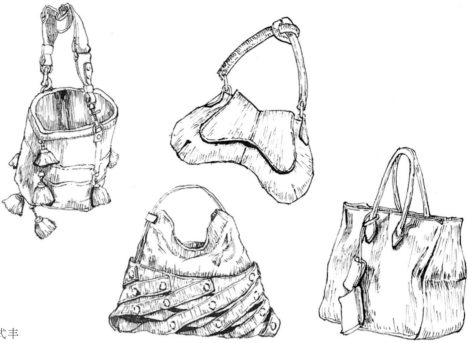

3.3 当代时尚配饰的手绘技法

当代时尚配饰的手绘表现方式丰富，单色的表现可以用速写、素描的方式体现时尚配饰的造型结构。在当代时尚配饰的手绘表现中，速写是一种快速捕捉对象特征的绘画方式，它可以迅速记录下配饰的轮廓、比例和细节，呈现出一种简洁、明快的视觉效果。而素描则更注重对光影、质感和空间关系的描绘，可以使包袋的形态更加立体和真实（图3-46）。也可以在素描的基础上，通过细腻的色彩表现体现出更加真实的质感（图3-47～图3-49）。

除了传统的纸笔绘画，当代设计师还可以借助手绘板进行绘画。以下将从时尚包袋、时尚鞋靴、珠宝首饰、数字板绘四个方面进行具体的绘画过程介绍。

图 3-46 素描式表现（杨雪婷 绘）

图 3-47 皮革质感的表现（宁杰彦、姚亦轩 绘）

图 3-48 毛绒质感的包袋表现（劳梨虹 绘）

图 3-49 布料包袋质感表达（周纯 绘）

3.3.1 时尚包袋手绘技法

案例 1
古驰（Gucci）时尚包袋

竹节包诞生于1947年，由古驰的创始人古驰欧·古驰（Guccio Gucci）设计。受到东方文化中竹子的使用启发，将自然材料引入到奢侈品设计中。竹质材料的使用不仅体现了对传统工艺的尊重，也展现了古驰对于创新和品牌特色的追求。通过火烤加热使竹子弯曲成独特"U"形手柄，流苏缀饰和包身的转锁扣也都用了竹节来装饰。此款包圆润的马鞍包造型，线条柔美。材质为白色皮革，古金色调竹节配件，搭配双色织带。

图3-50 案例1（步骤1）

1. 对包袋的形状、大小、颜色和特殊的细节进行分析。铅笔起稿，勾勒出包身轮廓。使用铅笔轻轻地勾勒出包的轮廓，这一步不需要太精确，只需要大致的形状，但需要确保包的比例正确。此外，包袋的左右对称性也是需要把握好的。

绘画过程：

图3-51 案例1（步骤2）

2. 使用大笔铺色，画出大致色块。此时不必担心细节，只需关注整体的色块和形状，在第一层次的颜色干透后，可以继续添加更多的颜色层，以增加画面的深度和丰富性。过程中需尽量保持简洁，避免过多地涂抹和修正，以免画面变得杂乱无章。当对整体的色彩布局感到满意时，可以让画面干透，为接下来的细化工作做好准备。

图3-52 案例1（步骤3）

3. 用深褐色加深暗部，区分亮暗面，塑造体积关系。仔细观察确定光线来源和暗部的位置。用深褐色加深暗部时，可以采用分层的方法。从轻微的阴影开始，逐渐加深颜色，直到达到所需的暗度。这样可以避免一次性加深过多，导致颜色过于饱和。

图 3-53 案例 1（步骤 4）

图 3-54 案例 1（步骤 5）

4. 注意细节的处理，使用细笔或细小的画笔，细致地描绘出暗部中的细节，以增加画面的真实感。重点刻画中心位置的竹节手柄，画出竹节纹理，竹节的纹理通常是纵向的，沿着竹杆延伸。此外，可以通过变化线条的粗细和密度来模拟光影效果，增加立体感。

5. 使用勾线笔画出包边缝线，需要确保线条的粗细、方向的统一，缝线的颜色可以比包袋的轮廓线浅一些。金属部分亮暗面区分明显，在金属表面找到最亮的区域和最暗的区域，用较深的颜色描绘出明暗分界线。这将有助于增强金属的立体感，刻画出光泽感。之后，用小笔刻画竹节提手、五金件的细节。

图 3-55 案例 1 效果图（许诺 绘）

6. 按照光线走向点出高光，不同的材质和形状会对光线产生不同的反射效果。例如，光滑的表面会产生明显的高光，而

粗糙的表面则会产生柔和的高光。检查整体的协调性和细节的准确性。最后，清除多余的铅笔痕迹或污点，确保画面干净整洁。

案例 2
汤丽柏琦（Tory Burch）牛仔包

此款 Tory Burch 的牛仔包整体风格简约大气。包身为简约的长方形，搭配牛仔与银色金属包带链，在正中心位置有明显的品牌标识。由于牛仔布的经典和时尚特性，包袋整体上呈现出当代感，兼具功能性与舒适度。

图 3-56　案例 2（步骤 1）

绘画过程：

1. 铅笔起稿，画出中心线及透视辅助线，勾勒包身轮廓。在纸上确定包的正面与侧面的中心位置，但考虑到包袋作为几何体的透视角度，画出中心线作为辅助参考线，这样可以帮助绘画的过程中确保包袋的对称性。包袋的正面中心线需要考虑到透视，绘画时较实际的中心线偏右。包袋的网格部分在起稿时也需要注意到左右对称性。

图 3-57　案例 2（步骤 2）

2. 大笔铺出整体色调，牛仔布的颜色是蓝色或深蓝色，可以使用水彩、彩色铅笔等工具。如果想要色块之间的过渡更加自然，可以使用干净的画笔或者海绵轻轻拍打色块边缘，使它们相互融合。使用大笔铺色的目的是快速地在画布上建立色彩的基础，不要担心初期的不完美，随着绘画的进行，可以逐渐添加细节和纹理。在铺色时可以适当塑造明暗关系，虽然都是同一颜色进行大面积铺色，但也可以通过颜料与水分比例的把控体现出明暗的变化。

图 3-58　案例 2（步骤 3）

3. 小笔调蓝黑色画出格纹阴影，增加体积感。在格纹的边缘和交叉点加深颜色，在斜线区域使用更浅的蓝色或留白来形成对比。仔细观察布料褶皱特点，确定褶皱的方向、形态。此时，颜色可以层层叠加，要注意颜料干后颜色会变浅。加强中心部分的细节，如格纹的交叉点、褶皱的阴影等，以增加真实感。

图 3-59 案例 2（步骤 4）

图 3-60 案例 2（步骤 5）

4. 使用勾线笔细致刻画布料褶皱，着重刻画中心部分格纹，在次要的元素上，可以减少细节的使用，以使主题更加突出。为了增加立体感，需要在牛仔布的褶皱和边缘处添加阴影。

5. 小笔画出牛仔面料纹理，刻画包链金属部分，塑造细节。较深的颜色描绘斜纹线条，表现出牛仔布的典型纹理。还可以添加一些细小的白色线条，模仿牛仔布的效果，以增强布料的质感。

图 3-61 案例 2 效果图（许诺 绘）

6. 结合包包材质和透视点出高光，模拟光线在牛仔布上的比较微弱的反射。最后使用勾线笔进行微调。

案例 3
波尔地尼赛利亚（Boldrini Selleria）
手工牛皮女包

　　Boldrini Selleria 是来自意大利托斯卡纳皮具世家。Boldrini 的包袋在做工和设计上都很有特色，皮质都是采用意大利传统的植鞣皮，运用传统的手工制作让包袋呈现出复古的风格。此款包袋使用原色植鞣革，通过多层次的包盖设计、包盖上的缝纫线迹呈现出质朴的风格。

图 3-62　案例 3（步骤 1）

绘画过程：

　　1.铅笔起稿，画出中心线和包身轮廓线。注意起稿时铅笔轻轻地勾勒出包的轮廓，可以适当地画出辅助线，帮助确保包的比例正确以及左右对称性。注意包身与手柄之间的比例关系。

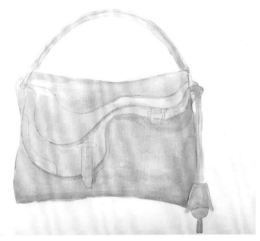

图 3-63　案例 3（步骤 2）

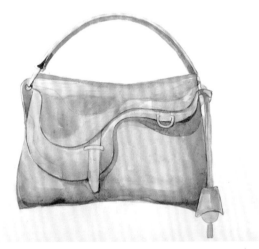

图 3-64　案例 3（步骤 3）

　　2.铺出包体颜色，在铺色的过程中，不断后退一步观察整体效果，根据需要进行调整。如果某些区域的颜色不够强烈或不满意，可以在干透后覆盖新的颜色层。

　　3.刻画暗部及明暗交界线。小笔蘸深色勾勒包边，画出阴影最深处。在明暗交界线的基础上，用更深的色彩渲染暗部。可以使用纸擦、棉棒或者手指将颜色均匀地涂抹在暗部，注意保持渐变的效果。深入刻画暗部细节可以使用小笔蘸取更深的色彩，细致地勾勒出暗部的细节。

图 3-65　案例 3（步骤 4）

图 3-66　案例 3（步骤 5）

　　4.进一步刻画包身明暗关系。细化提手，五金件等细节。

　　5.勾线笔勾出包身缝线，细化阴影。画出包身及五金件的标志。

图 3-67　案例 3 效果图（许诺 绘）

　　6.点出高光，完成。

3.3.2 时尚鞋靴手绘技法

案例 4
法贝妃高跟女士凉鞋

　　此款女鞋采用蛇纹牛皮作为主体材料，最重要的特点是运用包跟工艺的细高跟，以及蛇形金属扣作为该款凉鞋的点睛之处。此款女鞋的优美之处在于足弓的线条与蛇形装饰形成了极具魅力的女性线条感。

绘画过程：

　　1.铅笔起稿，画出中心线及鞋子轮廓线。在手绘高跟鞋时，辅助线是确保比例和对称性的关键步骤。在开始画之前，仔细观察高跟鞋样式。注意鞋跟的形状、鞋面的结构、鞋头的形状等细节。画出足弓的曲线，确保它与整体设计相匹配。一旦基本的辅助线和形状画好，可以添加更多的细节，如鞋带、装饰物等。

　　2.铺色，确定大致色彩关系。亮黄色铺色蛇纹牛皮部分，留出高光。蛇皮纹理比较复杂，可以先以细格纹的方式进行基础表现。

图 3-68　案例 4（步骤 1）

图 3-69　案例 4（步骤 2）

图 3-70　案例 4（步骤 3）

图 3-71 案例 4（步骤 4）

图 3-72 案例 4（步骤 5）

3. 蘸取深褐色刻画明暗交界线部分，小笔画出蛇纹皮质感。画出鞋身阴影，塑造体积关系。使用深褐色的颜料，蘸取适量的颜色。在鞋子的设计图上找到明暗交界的部分，用小笔触沿着这些线条画出蛇纹的纹理，注意不要涂抹得太重，以免失去蛇纹的细腻感。

4. 蘸取饱和度较高的暖黄色，刻画鞋身亮部。小笔细化蛇纹纹路。刻画明暗交界线增强空间感。在鞋子的侧面、折痕和其他需要阴影的地方轻轻涂抹，以营造出光影效果。

5. 进一步刻画鞋身细节，加深阴影及暗部，在绘制阴影时，要考虑光源的位置和强度，以及鞋身各个部分之间的相对距离，这将有助于塑造出鞋子的体积感。阴影应该逐渐过渡，避免出现突兀的线条。

6. 高光笔画出蛇纹高光，增加质感。画出金属扣及鞋身高光，勾画出鞋底品牌标志。

图 3-73 案例 4 效果图（许诺 绘）

案例 5
ACME 休闲运动鞋手绘表现

此款鞋为复古拼接的设计，将手工擦色的鳄鱼皮与光面牛皮、翻毛皮进行拼色。此外，鞋面打孔装饰了"A"字母纹样作为品牌的标识。鞋底为胶底，鞋表面有浅色的缝纫线作为装饰。此款运动鞋给人以时尚运动风格，在绘制时需要把控好整体的风格，强调鞋子的舒适性。

绘画过程：

1.铅笔起稿，画出中心线和鞋子的结构轮廓线。

2.大笔蘸取熟褐色铺色，区分明暗关系。

3.初步刻画鞋身，用小笔画鳄鱼皮区域，鳄鱼皮鳞片的结构比较复杂，需要按照纹路细化，绘制时需要注意凸起的效果，以营造出立体感。

图 3-74　案例 5（步骤 1）

图 3-75　案例 5（步骤 2）

图 3-76　案例 5（步骤 3）

图 3-77　案例 5（步骤 4）

图 3-78　案例 5（步骤 5）

4.细化侧面鞋跟部分。使用勾线小笔画出鞋底肌理部分阴影，此时需注意留出亮部。在鞋侧面部分加深鞋身暗部的刻画，细化鞋带部分的材质与结构关系。

5.进一步刻画鞋子，画出鳄鱼皮的纹路，小笔深色画出鞋身缝线、皮革穿孔的纹路、品牌的标识。特别是细化鞋跟部分的肌理。在表现两种不同材质的皮革过程中需要注意翻毛皮绒面质感的表达，使不同皮革材料的深浅变化更加均匀，对于光线的反射不明显。

6.白色高光笔画出双层缝线，画出各部分高光，之后整理画面。

图 3-79　案例 5 效果图（许诺 绘）

案例 6
JW Pei 皮草靴

JW Pei 品牌于 2017 年创立于洛杉矶，该款皮草靴具有率性的线条，配以奢华的皮草质感，在绘画表现时需要凸显柔软的皮革与张扬的皮草之间的材料差异。

绘画过程：

1. 铅笔起稿，确定大体位置。画出中心线及鞋子轮廓。

2. 大笔铺水，水量控制在不沿纸面流淌即可，覆盖皮草材质区域。半干进行下一步。

3. 铺色，蘸取墨色深浅不一地在纸上晕染，边缘会自然晕染出毛绒效果。晕染面积过大可用纸巾吸水控制。使用适当的打底颜色，确定整体的色调和明暗关系。

图 3-80 案例 6（步骤 1）

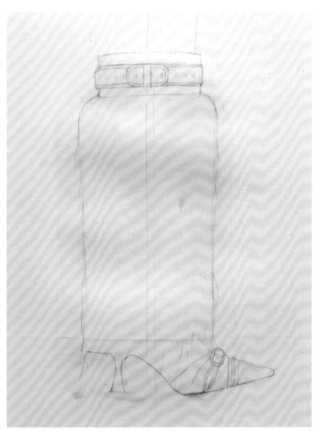

图 3-81 案例 6（步骤 2）

图 3-82 案例 5（步骤 3）

图 3-83　案例 5（步骤 4）

图 3-84　案例 5（步骤 5）

4. 纸面半干开始画毛发走向。小笔沿着皮草走向勾出毛发线条，注意运笔，画毛发的起笔收笔都应是尖锐的，同时注意变换毛发角度。注意毛发的方向和密度，以表现出皮草的自然纹理。

5. 刻画皮革及金属部分，注意皮革质感，加深明暗交界线。小笔蘸深色第二遍画毛发线条，拉开明暗对比。按照先浅后深、先亮后暗的顺序进行上色，注意色彩过渡要自然，避免过于强烈的高光和反光，以免破坏皮草的真实感。

6. 勾线笔画出白色毛发，模拟出皮草在光照下的高光效果，增加层次感，使皮草看起来更加立体和生动。在绘画皮草时，需要耐心和细致地工作。同时，在表现黑色皮面过程中，注意提亮高光处，与皮草质感形成对比。

图 3-85　案例 6 效果图（许诺 绘）

3.3.3 珠宝首饰手绘技法

案例 7
Morning Glory 空窗珐琅胸针

此款为 1900 年的 Morning Glory 空窗珐琅胸针，外观取自粉豌豆花，由 Marcus & Co. 制作，是现存的少数经典空窗珐琅珠宝的作品之一。空窗珐琅又称为透光珐琅、透底珐琅，通常有两种制作工艺：一种是在金属底胎上通过锯、剔等方式制作出多个空洞再在空洞中少量多次加入釉彩并烧制；另一种是以金属底胎进行掐丝，并在掐丝纹样中填入并烧制釉料，再用腐蚀溶液把金属胎底腐蚀掉。19 世纪初期空窗珐琅在新艺术运动中得到了充分的应用和发展。

新艺术时期的珠宝设计强调柔和且具有流动感的曲线，常运用植物、自然意象和女性形体等元素。此款胸针的花苞部分使用了不规则形状的天然海螺珠。通透的空窗珐琅，折射出轻盈、靓丽的形态，生命的气息从枝丫上抽出，是新艺术风格的代表性胸针。

绘画过程：

1. 针对此款胸针的绘画，需要强调线条的流畅性，充分体现出生命力与艺术美感。首先，铅笔起稿，确定出胸针大体外

图 3-86　案例 7（步骤 1）

图 3-87　案例 7（步骤 2）

图 3-88　案例 7（步骤 3）

图3-89 案例7（步骤4）

图3-90 案例7（步骤5）

形,画出花叶的流畅曲线。绘画时用笔轻柔,需要分析并厘清花、叶之间的生长关系。

2. 沿铅笔稿铺色,各区域颜色要浅淡干净,叶子区域用多种颜色晕染混色。铺色过程中,需要注意水的控制,花朵的花蕊和花瓣颜色是有变化的。水彩在色彩之间的交融,形成丰富的颜色层次变化。

3. 待纸面半干后,开始细化花朵部分。使用小笔画出空窗珐琅的块面感,注意需要有耐心和对水的控制,留出金属部分,不要让块面之间因为水分控制不好而出现颜色交织在一起的情况。另外,需要注意控制颜色深浅渐变。

4. 小笔细化叶子及藤蔓部分,同样留出金属边缘,注意叶子色彩的变换。需要注意到叶子之间颜色的差异。新艺术风格强调自然形态的模仿,在绘画中,也需要避免程式化,让画面流露出自然变化的美感。

5. 勾线笔蘸取深绿色勾勒胸针阴影。小笔画出花朵重色边缘,加深暗部,体现花瓣立体感。之后可以勾勒出花瓣的金属部分,线条流畅细致,颜色浅淡,不要过于突出金属色。让整体画面融合为一个整体。

6. 新艺术风格的一大特色就是对自然的高度艺术化再现,强调画面的整体美感,而不是局部材质的奢华。在最后的收尾工作中,需要对整体协调进行把控。最后一步是用白色高光笔细细地画出高光部分,体现出空窗珐琅的光泽感。

图3-91 案例7效果图（许诺 绘）

案例 8
欧泊戒指手绘表现

此款戒指以蓝色欧泊为主石，采用四抓镶嵌的方式进行固定，戒指侧身还镶嵌了蓝色、绿色的宝石呼应欧泊的色彩。整体戒指风格应属于华丽型，在绘画表现时需要强调材料的质感。欧泊属于非晶质结构，因此没有固定的晶体外形。高品质的欧泊具有显著的变彩效应，在不同角度下观察会呈现不同的颜色变化。此外，戒指的表现时透视极为关键。此款戒指的角度可以通过三点透视的方法尽可能清晰地体现出戒面的奢华感。

绘画过程：

1. 铅笔起稿，画出戒指和宝石结构，注意戒面、四爪、宝石不同位置的透视与比例关系。

2. 铺色，欧泊主石处用大笔铺水，边缘点出蓝绿色晕染。区分宝石主体颜色，浅灰色铺色金属部分。

3. 趁纸面半干，刻画欧泊色彩。小笔在主石不同区域晕染，用纸巾吸取颜色去色，撒盐制造水花效果。

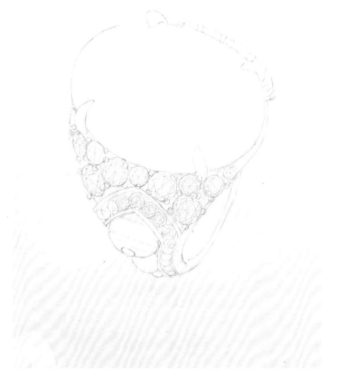

图 3-92　案例 8（步骤 1）

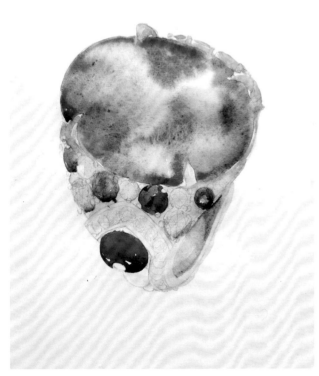

图 3-93　案例 8（步骤 2）

图 3-94　案例 8（步骤 3）

图 3-95 案例 8（步骤 4）

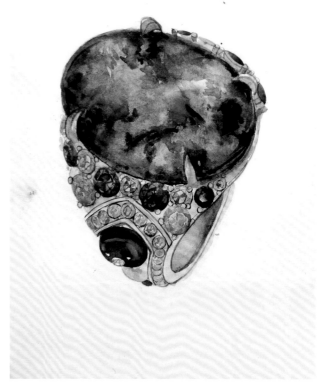

图 3-96 案例 8（步骤 5）

4.刻画刻面宝石。画出宝石暗面及折射面，注意留出亮部，在绘制折射面时，可以使用较浅的蓝色，以突出宝石的光泽和透明度。可以使用细线笔或铅笔绘制折射面的线条，使其与暗面形成对比。细化金属部分及其余配石，可以使用较深的颜色绘制金属的阴影和细节，以增加金属的质感和立体感。

5.使用勾线笔细化宝石结构，增加层次感。小笔画出戒指边缘线及暗面，蘸取亮绿色画出欧泊闪彩。

6.白色高光笔画出高光，按宝石结构勾勒结构线。

图 3-97 案例 8 效果图（许诺 绘）

案例 9
迪奥（Dior）凡尔赛宫顶级珠宝系列耳饰

  Dior 顶级珠宝系列"BOSQUET DES DMES SAPHIR"耳环。精心挑选的宝石如同花园内紧密绽放的花朵，柔和的曲线正是藤蔓的真实写照。除了展现茂盛的园圃，系列作品中的细节还透露着凡尔赛宫内的富丽堂皇。该系列通过近 30 种彩色宝石塑造花园的自然生机，极尽奢华地表现出宫廷花园的气质。这两枚耳饰以帕拉伊巴碧玺作为主石，左边的为椭圆形切割，右边为水滴形切割，两颗宝石的颜色有一定的差异。此外，左边的宝石周围镶嵌了 12 颗祖母绿，与主石一起形成了水池与周围的绿植。右边的耳饰上方有一顶祖母绿镶嵌的王冠，体现出皇家的气息。

绘画过程：

  1. 铅笔起稿，勾出耳饰大概外形，细化镶石点位。

  2. 小笔进行初步铺色，画出各部分大体颜色，区分明暗关系。

  3. 勾线笔刻画配石结构，蘸取较深颜色细化宝石暗面。

图 3-98 案例 9（步骤 1）

图 3-99 案例 9（步骤 2）

图 3-100 案例 9（步骤 3）

图 3-101 案例 9（步骤 4）

图 3-102 案例 9（步骤 5）

4. 小笔刻画主石暗部，根据折射画出细小暗面。

5. 加深层叠结构处的阴影，加重明暗交界线塑造体积感。画出金属暗面，留出反光。

6. 高光笔按宝石结构画出高光，完成。

图 3-103 案例 9 效果图（许诺 绘）

3.4 数字板绘在配饰效果图中的运用

随着互联网和社交媒体的发展，数字板绘迅速发展。艺术家、设计师们和绘画爱好者们可更加便捷地在网络平台展示自己的作品。许多在线教程都是基于数字绘画的，使得学习绘画技巧变得更加容易和高效。初学者可以一边观看教学视频，一边跟随练习，快速提高自己的绘画水平。同时，数字作品的易于修改特性，也让学习过程中的试错成本大大降低，鼓励学习者大胆尝试不同的技法和风格。数字板绘可以实现多种绘画风格，如水彩、工笔等，色彩选择丰富多样。它允许艺术家通过不同的笔触创作出各种风格的插画作品。板绘创作的另一个显著优势是能够建立多个独立图层，这让线稿、上色等各个步骤互不干扰，极大地方便了修改和调整的过程。与传统手绘相比，数字板绘借助数位板这一专业化工具，使得绘画过程更加高效便捷。数字作品易于保存和分享，这使得板绘作品更容易被广泛传播和欣赏。

3.4.1 板绘的主流软件与硬件选择

在数字板绘的世界中，目前主流的数字绘画软件有Photoshop（PS）、Easy Paint Tool SAI（SAI）和Clip Studio Paint（CSP）。这些软件各有特点，比如SAI界面简洁、易于上手，特别适合那些刚入门的数字绘画爱好者。SAI的文件大小也非常小巧，易于安装和使用。而Photoshop功能强大，适用于高级用户和专业人士。Photoshop自1987年首次发布以来，已经成为图像编辑和数字艺术领域的标杆。Photoshop提供了广泛的工具和功能，从基础的图像编辑到复杂的合成、校色和特效制作，能够满足专业设计师的各种需求。此外，它还拥有画笔、铅笔、颜色替换等绘画工具，可以绘制精细的作品并修改像素级别的细节。CSP是专为漫画家和插画家设计的软件，它集成了绘制漫画和插画所需的所有工具。CSP的特色在于其笔压感应、手颤修正以及多种专为漫画制作设计的特殊功能，比如色调调整图层和多种漫画材料。这使它在绘制漫画方面特别强大，同时也非常适合进行彩色插画的工作。

数字板绘的崛起为设计师带来了技术与创意的革命。随着科技的不断进步，数字板绘的软硬件也在不断地升级和完善，使得绘画的边界被进一步拓宽，可以不再受限于传统媒介的物理特性，如纸张尺寸、颜料的调配和干燥时间等，设计师们可以在虚拟的画布上尽情施展才华。

选择合适的硬件工具也是必不可少的，如数位板和绘画屏幕。对于初学者来说，了解和练习使用这些工具是非常必要的。

数位板和绘画屏幕是数字艺术家和设计师常用的两种输入设备。数位板也被称为图形平板或绘图板，通常用于专业的图形设计、插画、动画制作和CAD设计。绘画屏幕也称为数位屏，这些设备允许用户通过手写或绘制的方式直接在计算机上进行创作。绘画屏幕更适合那些希望模拟纸上绘画体验的艺术家，以及需要直接在屏幕上查看作品的用户。

数位板通常没有屏幕，或者有一个可折叠的屏幕仅用于辅助定位，而实际的绘画工作是在与计算机屏幕同步进行的。绘画屏幕则集成了屏幕，可以直接在屏幕上绘图。数位板和绘画屏幕有多种尺寸可选，从小型的便携式设备到大型的桌面模型都有。

3.4.2 板绘配饰效果图的特点分析

数字板绘进行配饰手绘效果图表现的优点包括易调整修改、学习成本低、操作便捷等。在数字板绘过程中，可以轻松地进行修改和调整，无论是构图、色彩还是细节，都可以通过软件的多图层操作和工具来随时更改。这种灵活性是传统手绘难以比拟的。在进行配饰手绘过程中，辅助线是非常重要的，但传统手绘过程中又容易造成画面脏污、擦拭不干净等困扰，在数字绘画的过程中，无论是线条、颜色还是构图，都可以通过图层进行非破坏性的编辑，这意味着原始图像保持不变，而所有更改都在单独的图层上进行。此外，数字板绘的色彩可以层层叠加，色彩可以无限调整，调整色彩的饱和度、对比度等，以达到理想的效果。如图3-104中所示，画面的色彩饱和度相较于传统水彩、彩铅更高。在质感的表达上具有优势。

图3-104　板绘包袋材质表现（王璨 绘）

此外，数字板绘拥有强大的变形与特效工具，如滤镜、纹理等，这些工具可以帮助画家创造出手绘难以实现的效果。珠宝首饰的表现时，数字板绘中的滤镜和纹理可以用来模拟宝石的光泽、金属的质感以及整体饰品的复杂细节。通过创建不同层次的图层并应用纹理，可以为珠宝设计增添丰富的视觉效果。此外，使用扭曲或变形滤镜可以帮助创造出三维或深度的感觉，这在展示珠宝的立体构造时尤为重要。板绘相较于传统手绘，能够实现更细腻的笔触、高光的运用，以及任意调整各图层的画面结构，从而在视觉上达到手绘难以实现的效果（图 3-105、图 3-106）。

此外，数字板绘中，可以通过选择不同的笔刷和调整笔刷设置来实现不同的肌理效果。例如，使用颗粒类的笔刷可以创造出磨砂的感觉，而结合传统绘画材料如水彩、油画棒等，则能够制造出更为丰富的特殊效果。画笔的特殊功能在表现时尚

图 3-106 数字板绘包袋表现（张一坤 绘）

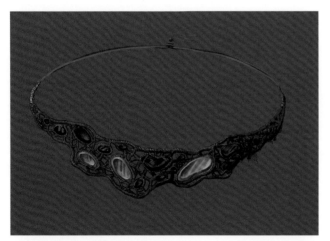

图 3-105 数字板绘首饰材质表现（宁杰彦 绘）

配饰中的皮革和金属材料时，可以模拟出各种材质表现的绘画效果。此外，一些软件还允许用户自定义笔刷，或者提供现成的丰富笔刷库供选择。这可以极大地帮助绘画者节约时间成本，并实现想要的肌理效果。如图 3-107 所示，利用 photoshop，可以将皮革、竹编的基础材料肌理，结合板绘进行综合表现。

数字平板虽然不属于传统手绘工具，但可以模拟传统手绘配饰效果图的表现方法，呈现出自然手绘的状态。当然，数字板绘进行配饰手绘效果图表现也存在一定的缺点。如因为数字绘画缺乏真实画笔与纸张接触时的随机性和物理特性，想达到传统手绘那种生动自然的笔触效果需要有一定的绘画功底才能做到。另外，数位板与屏幕之间的交互通常没有直接手绘时纸和笔那种直接的手感反馈，这可能会影响一些习惯于传统手绘的艺术家的创作体验。

但在当代设计领域，手绘技能和数字技术往往相互补充，许多艺术家和设计师会在手绘的基础上利用数字工具进行进一步的创作和完善。此外，随着科技的进步，增强现实 (AR) 和虚拟现实 (VR) 等新兴技术也开始被运用于视觉艺术领域，为手绘效果图带来了更多的可能性。无论选择哪种工具或技术，重要的是要不断实践和探索，以发现最适合自己的表现手法，最终将个人的创意和视角有效地进行传达。以下是通过手绘板进行绘画表现的案例。

图 3-107 综合材质表现（姚亦轩 绘）

3.4.3 数字板绘配饰效果图绘画案例

案例 10
拉尔夫·鲁索（Ralph & Russo）
高跟女鞋表达

Ralph & Russo 是充满华丽的浪漫主义的时尚品牌，其设计常常充满了创造和诗意演绎，具有艺术美感和工艺传承。此款高跟鞋为著名的伊甸园系列，花枝蔓延、藤蔓缠绕的装饰语言是表现的重点。鞋面光亮，运用绸缎作为主体材料，具有丝质光泽。最精彩的鞋后跟部分，弯曲而上的细茎蔓仿佛在脚后跟处开出许多新鲜枝叶和花苞。设计主要表现在鞋跟，而不对其他部分做过多的装饰，大气简约不显冗杂。

绘画过程：

1. 铅笔起稿，画出物体中心线及鞋子轮廓。两只鞋从不同的角度呈现跟部的工艺与造型。

2. 使用喷枪或其他大号笔刷初步铺色，画出鞋子色彩及明暗关系。在板绘中，色彩和光影的运用对于表现配饰的质感和立体感至关重要。

3. 使用深色柔边笔加深鞋身明暗交界线，注意边缘自然过渡。在绘制配饰效果图时，可以先用铅笔或其他笔类工具绘制草图，然后再用中性笔或其他适合的工具进行描边和上色，以确保线条流畅且有力度。小笔铺色金属部分。

图 3-108　案例 10（步骤 1）

图 3-109　案例 10（步骤 2）

图 3-110　案例 10（步骤 3）

图 3-111 案例 10（步骤 4）

图 3-112 案例 10（步骤 5）

4.硬边圆头画笔刻画金属件阴影，调整整体明暗关系。

5.硬边圆画笔不透明度 70%，画出鞋子明暗交界线。小笔点出金属件高光，塑造金属质感。

6.白色柔边笔不透明度 40%，画出鞋子亮面及反光部分。小笔刻画金属暗面。灰色柔边笔带出鞋子阴影，完成。

图 3-113 案例 10 效果图（许诺 绘）

案例 11
端木良锦提梁手包

端木良锦作为中国本土高端时尚手袋品牌，以木材加工艺术、细木镶嵌艺术、皮革艺术等为基础，其包袋沿袭中式美学，犹如艺术品一样具有极强的审美价值。此款提梁手包小巧精细，唐风的花卉纹样成为了包袋最为显眼的装饰语言。粉色与红色的搭配富有女性韵味。整体包袋是传统与时尚的结合，在绘画时，需要把握好包袋的整体气质，其中提梁部件的造型与质感是提升时尚感的关键。

绘画过程：

1. 铅笔起稿，首先通过透视关系的辅助线，将包袋的几何轮廓进行粗略确定。在包体的正面画出中心线，需要注意到的是包袋的中心线与包盖的中心、体量的中心均需要对齐。在此基础上均匀地画出包正面两侧的装饰条。在此期间，需要时刻牢记包袋的透视关系。

2. 铺大色块，可以用大笔概括，区分物体明暗面。使用喷枪或滚轴笔刷，调整不透明度70%，铺大致色块。用笔应概括，区分物体明暗面。

3. 深入刻画包包，柔边笔刷画出明暗交界线及各部位阴影。

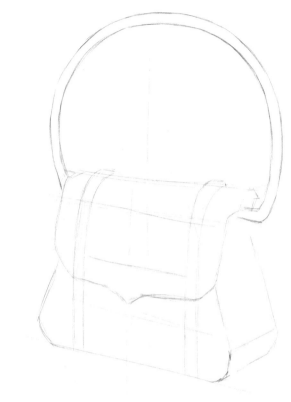

图 3-114 案例 11（步骤 1）

图 3-115 案例 11（步骤 2）

图 3-116 案例 11（步骤 3）

图 3-117 案例 11（步骤 4）

图 3-118 案例 11（步骤 5）

4. 以深色笔勾勒出包身印花部分。

5. 使用硬边圆笔刷，小笔对印花部分进行填色，进一步刻画包体。

6. 细化调整，擦去多余线条。硬边圆头笔刷设置不透明度100%，点上各部位高光。皮革笔刷增加包面质感，按照各部分材质点上高光。

图 3-119 案例 11 效果图（许诺 绘）

案例 12
TTF 玉兰花开翡翠项链

TTF品牌始终致力于传统东方文化的当代性演绎,作品《玉兰花开》试图将宋代美学与哲学,与国际化高级珠宝的精湛工艺融合。该款作品将中国传统翡翠雕刻艺术融合法国金石镶嵌工艺,将材料价值与工艺价值体现得淋漓尽致。解读此件作品的雕刻表现手法对于绘画有重要作用,需要意识到此款项链与过去西方的宝石切割方式不同,也不同于中国传统翡翠中常见的蛋面的、圆润的雕琢形态,是不规则的造型,纯粹地把玉兰花的自然形态进行表达。此件作品极为巧妙地把若干段翡翠组合而成为流畅的整体,呈现了中国传统金镶玉最美的状态,是金属、钻石和翡翠的完美结合。

绘画过程:

1.铅笔起稿,勾画项链轮廓,注意转折处线条应流畅。画出圆形镶钻点位。

2.大笔刷铺出大概颜色,擦除多余边缘。

3.暗部铺色,加深明暗交界线和阴影处,可用混合笔刷柔和颜色边缘。

图3-120　案例12(步骤1)

图3-121　案例12(步骤2)

图3-122　案例12(步骤3)

图 3-123 案例 12（步骤 4）

图 3-124 案例 12（步骤 5）

4. 硬边不透明度 60%，细化阴影边缘，重点刻画转折处阴影，塑造金属和玉石质感。

5. 白色不透明度 40% 笔刷画亮部细节，沿项链走向细化，线条要流畅顺滑。

6. 白色不透明度 0% 点出各部分高光，完成。

图 3-125 案例 12 效果图（许诺 绘）

第四章　新国风配饰创意设计与表达

章节内容：国风时尚配饰的特点，国风配饰创意设计方法，案例分析

教学目的：通过本章的学习了解国风时尚配饰的概念与特点，在此基础上通过设计方法的归纳和案例分析，学习并锻炼国风时尚配饰创新设计能力。

教学方式：利用图片资料与设计范例进行课程讲授

教学要求：1. 了解国风时尚配饰的概念与特点

　　　　　2. 了解国风时尚配饰的设计思维与方法

　　　　　3. 能够进行国风创新配饰的设计及相应的手绘表达

课前准备：绘画工具、记事本等

4.1 国风时尚配饰的概念与特点

近年来，国货与新中式时尚受到了消费者的认可与青睐。中国传统文化元素成为一种"风尚"与"潮流"。国风时尚配饰通常指的是以中国传统文化元素为设计灵感，结合现代审美和时尚潮流而创作的配饰产品。国风时尚配饰深植于中国悠久且丰富的文化土壤中，借鉴了中国的传统文化元素，虽然灵感来源于传统，但国风时尚配饰在设计上需要融入现代审美观念和时尚潮流，使之符合当代消费者的审美需求和使用习惯。

国风是一种文化的传承和展现，体现了人们对中国传统文化的热爱和尊重。国风时尚配饰既展现了对传统的尊重，又体现了创新精神，不仅是一种时尚趋势，更是中国传统文化与现代审美相结合的产物，同时也是现代人表达自我风格和文化自信的一种方式。

在国风时尚配饰的设计创新中，设计主题的选择对于设计创新具有关键意义。设计主题是教学中的文化导向，可以启发学生的思维、带动设计兴趣。

在接下来的内容中，将以"蝶舞虫鸣"和"神话异兽"两个主题为例，深入分析国风时尚配饰设计与绘画创作的方法。

4.2 国风创意设计与手绘表达案例分析

4.2.1 "蝶舞虫鸣"主题创意设计

设计主题：中国传统吉祥语意中，蝶、虫等形象体现了朴素的自然观与人文关怀。《瑞鹤仙·上无应制》中："闹蛾儿满路，成团打块，簇着冠儿斗转。"《上林春慢·帽落宫花》中"素蛾绕钗，轻蝉扑鬓"均表现出花枝摇曳的人们涌入元宵人山人海之间的热闹场景。古代服饰中常有闹蛾，包括蝴蝶、蛾子、蜻蜓鸣蝉、蜜蜂等能飞的小昆虫，并附上花朵、枝叶固定在簪钗上。以"蝶恋花"、"蜂赶菊"为常见的装饰题材，寄托了女子对于爱情的美好期待。学生们基于对"蝶舞虫鸣"主题的分析，从各自的理解与兴趣角度出发，进行创意设计。

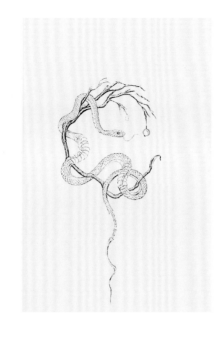

图 4-1 "白蛇化蝶"设计线稿

案例 1
"白蛇化蝶"系列首饰设计

设计灵感：

设计灵感来源于《白蛇传》话本。将许仙化身为蝴蝶来探望白娘子的故事作为主线，巧妙地将这一经典场景融入了设计中，通过花朵、蝴蝶等元素展现了故事的浪漫与凄美。项链上镶嵌着各种颜色的宝石，如粉红色、蓝色和黄色，这些颜色象征着故事中出现的不同花卉，例如玫瑰、百合和茉莉等。项链中央的蝴蝶形状吊坠，以及周围散布的小蝴蝶，代表了许仙化身为蝴蝶的形象，寓意着他对白娘子的深情厚谊。在设计创作中，蛇的形象融入到花海中，整体造型较为复杂，花卉类型丰富，为此需要将材质和设计元素统一，避免显得杂乱（图 4-1）。

绘画过程：

效果图（图 4-2）以项链作为主体部分，配以胸针与耳饰形成系列。项链由多个部分组成，包括主链、吊坠和装饰性小件，每个部分都有其独特的结构和设计，但整体上又和谐统一。胸针则突出了蛇形元素和蝴蝶的对话。因蛇作为表现的重要元素，线条的流动感和流畅性是绘制过程中需要注意的。在绘画过程中，需要有画面的重点表现与次要表现内容，如以红宝石为主的项链吊坠部分为表现的重点，在宝石的绘制中需要强调，体现出质感。通过多层次的切面绘画，结合强烈的明暗对比体现出宝石通透、明亮的质感。而在其他小颗粒的副石表现方面则不用面面俱到，只需点出高光和暗面效果即可。花卉的色彩表现尽量减弱色彩的饱和度。

图 4-2 效果图（胡蝶 绘）

案例 2
"蝶恋雨" 系列首饰设计

设计灵感：

　　"蝶恋雨"灵感源自二十四节气中的"雨水"，作为阳历二月的第二个节气，标志着冬天即将过去，春天即将到来。在这一系列中蝴蝶作为春天的精灵，在春雨中舞动，诠释出对于春天雨水的感激与欢愉之情。本系列希望能够传递出蝴蝶与雨水的交织，唤起人们内心对春天的向往。

图 4-4　效果图 2（胡蝶 绘）

图 4-3　效果图 1（胡蝶 绘）

绘画过程：

　　此款作品（图 4-3、图 4-4）使用数位板进行绘画表现。在绘画过程中，需要体现出雨水的通透感，充分表达水晶、舒俱来石等不同宝石的质感。在此需要注意，首饰的绘画过程中，需要对于宝石的种类与色彩有所了解，如此时紫色的宝石可以有哪些类型，不同紫色宝石在色彩与质感方面有何种差异。在进行绘画表现时需要体现出具体的材料特色。此外，绘制金属部分，需要保持线条的流畅感。宝石与金属的结合方式等细节也不能忽视，此款设计采用包镶、缠绕镶等方式，在绘画中均有所体现，但又不能抢了主体部分，需要做到有轻重之分。

案例 3
"梁上鹊"系列首饰设计

设计灵感：

本系列国风首饰设计灵感来源于北京天坛的建筑美与喜鹊这一中国传统吉祥鸟类。天坛作为中国明清两代帝王祭天祈谷的圣地，不仅代表了中国古代天人合一的哲学思想，也凝聚了中华民族独特的宇宙观和审美情趣。喜鹊作为中国传统文化中的吉祥物，常被视为喜庆和幸福的象征。本系列设计旨在融合天坛的建筑特色与喜鹊的灵动形象，打造出一系列充满国风韵味且具有吉祥寓意的首饰。

绘画过程：

本系列（图4-5）以天坛柱、梁结构为基础，进行抽象化演绎，突出梁的结构与纹样特点。以点翠为主要工艺手段，将喜鹊的形象和羽毛特征进行细致化的表现，梁为几何的、抽象化的金属素色，喜鹊则是多彩的、细腻而古典的，由此形成鲜明的对比。在绘画过程中不能一味追求极致的细腻，需要考虑到工艺的可行性，如烧蓝部分，需要考虑到金属丝的细度，烧蓝的色彩变化等因素。

图4-5 梁上鹊系列效果图（陈柳含 绘）

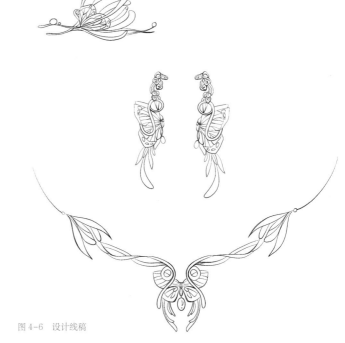

案例 4
"忆蝶游梦" 系列首饰设计

设计灵感：

此次设计选用故宫博物院里五彩蝴蝶瓶与马褂纹样相结合。整体造型为蝴蝶与菊花的结合。蝴蝶破茧而出，乘风而舞轻盈而起的姿态，正如少女成长路上的那样婀娜。菊花它透着一种炽热、张扬，野性又蓬勃的生命力。菊花与蝴蝶交织，坚毅与美丽并存饱含了人们对于生活的美好追求，向往自由，冲破束缚。

图 4-6 设计线稿

绘画过程：

在设计起稿阶段，造型上把两只耳环拼在一起外轮廓呈现故宫中花瓶轮廓，吊坠蝴蝶与菊花交织形状也为花瓶轮廓，胸针部分可以转化为发夹，主次项链可以搭配也可以单独佩戴（图 4-6）。色彩参考故宫中雪青色缂丝菊蝶纹灰鼠皮琵琶襟马褂，选用中国传统色系，霁青、茄花、桔梗紫等。

蝴蝶与花瓣选用珐琅工艺，金属部分为18k 金，宝石为欧泊（图 4-7）。

图 4-7 "忆蝶游梦" 效果图（李梦瑶 绘）

案例 5
"蝉鸣"系列首饰设计

设计灵感：

　　蝉鸣系列首饰设计灵感来源于大自然中蝉的生命周期和它们独特的鸣叫声。蝉在东方文化中有特殊的象征意义，象征重生、永恒。这个系列的设计旨在捕捉蝉的神秘和生命力，以蝉的身体轮廓运用到面饰、手链的设计中，使其既具有观赏价值，又能满足佩戴者的实际需求。

图 4-8　"蝉鸣"系列效果图（姜璇 绘）

绘画过程：

　　此系列（图 4-8）绘画表达时最重要的是体现出设计创意点。面饰部分打破了常规配饰的装饰位置，更具有古风韵味，是画面的表现主体，在面饰中蝉的翅膀作为设计元素，通过镂空、空窗珐琅工艺展现出纹理和层次感。此外，蝉的触角、眼睛和身体上的纹理都是重要的装饰元素，需要进行细致的绘画表现。而面纱部分则需要体现丝质布料的飘逸质感。手链的设计则重点体现出装饰性与功能性。

4.2.2 "天地神兽"主题创意设计

"天地神兽"主题旨在展现神秘、奇幻的神兽形象，结合自然元素和传统文化，呈现出一幅充满想象力和艺术感的画面。通过对神兽形象的创新设计，传递出对自然、和谐、共生的理念。中国古代以龙为首的神兽题材常具有完满、无穷、再生乃至永恒的幻想。在灵感来源中可结合龙、凤、麒麟等神兽形象，进行创新设计，展现出独特的个性和魅力。

案例 6
"叩首" 系列首饰设计

设计灵感：

该系列（图4-9）以北京紫禁城的太和门上的门拔兽为灵感来源，"叩首"即太和门为首，得以叩见紫禁城。在设计过程中，兽首作为主体元素，融合珍珠展现"龙衔珠"的造型语言。首饰中加入了框架的结构特点，以钛合金取代传统金属材料，体现时尚科技感。

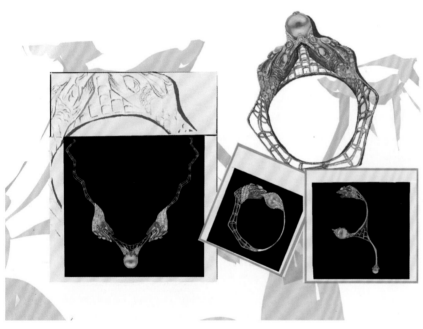

图4-9 叩首系列首饰设计（劳梨虹 绘）

绘画过程：

首先，为强调系列感，该系列在构图上以项链为主体，搭配两款戒指和一对耳饰。画面的正中心为项链，两只兽首相对，不同于传统龙衔珠的设计，项链坠的部分采用了网状金属编织工艺，结合珍珠材料，既有柔美的质感，更显精致华丽，与硬朗的兽首形成材质的对比。在绘制这一部分时，强调了材质软硬度的差异。

在绘制首饰效果图时，需要注意设计作品之间的尺寸差异，尽可能真实地体现出作品的比例。否则戒指容易有手镯的即视感。此外，首饰的造型美感需要不断调整与修正。在极小的空间范围内表现出材料的特点。由于珍珠在画面中占据了中心位置，也是质感表现的重点。珍珠的手绘首先需要明确珍珠的色彩特点，把珠光伴色表现出来。

案例 7
紫禁城主题包袋设计

设计灵感：

这款设计（图 4-10、图 4-11）主题来自故宫房顶上的兽种。狻猊、押鱼、獬豸等小兽具有浓厚的文化内涵，形态各异，生动有趣，成为了故宫的一大特色。将故宫的建筑屋顶形态进行设计转化，变形成为包袋的造型是本设计的一大特色。

故宫房顶上的小兽是传统建筑文化的重要组成部分，具有独特的文化内涵和艺术价值，代表了吉祥、祈福、驱邪等信仰和追求。

图 4-10 设计草图

图 4-11 紫禁城主题包袋设计效果图（宁杰彦 绘）

绘画过程：

此系列包袋设计，在绘画表现时需要兼具艺术性与功能性的综合表现。紫禁城的红墙黄瓦作为包袋的主体颜色，以屋顶为包盖，屋脊兽为配饰，牌匾为扣，墙为包身。屋脊兽的形象作为包袋的装饰重点，需要体现出其造型与包袋开口之间的功能组合形式。三款包袋中，都有屋脊兽作为包身与包袋提手之间的连接关节，考虑到不同款式包袋开口形式、包袋色彩的差异，屋脊兽的形象和材质均有区别，需要在绘画中进行细致的体现。此外，包带部分的质感与设计细节也是需要细致刻画的。

案例 8
"龙玦"系列首饰设计

设计灵感：

　　龙是多种形态的综合,而"龙能幽能明,能细能巨,能短能长"。《说文解字》中认为：
"珑,祷旱玉也。"龙是对"风调雨顺"的寄托。此系列（图4-12）灵感来源于中华
第一龙的红山玉龙形象,C形龙最大的美感在其动势,线条流畅,且依照玉玦之形,
保留了"玦"环而不周的特点进行创意设计。

图4-12 "龙玦"系列首饰设计效果图（钟凌玲 绘）

绘画过程：

　　传统红山玉龙使用的是单一的玉石
材料,在设计创新时,希望从材料方面
进行丰富,更具装饰性与时尚感。为表
现龙生水的设计主题,运用了产自水中
的奇珍异宝作为装饰材料,如红珊瑚、
珍珠等。如此,既能体现水中之王的理
念,又从颜色光泽等方面使整体更加时
尚。将龙、海水、珍珠进行融合,玦的
古意通过龙衔珠的形式体现出来。

案例 9
"钰井天和" 系列首饰设计

设计灵感：

此系列（图 4-13、图 4-14）首饰作品灵感来源于太和殿盘龙藻井，此藻井的结构分为三层，底层为"方井"，中层为"八角井"，上层为"圆井"。这种构造清晰、层次分明的结构被称为"斗八"，引入中国传统天圆地方及天人合一的理念。玉石作为主体材料，与金色的藻井图案进行结合，体现出中式方圆美学。

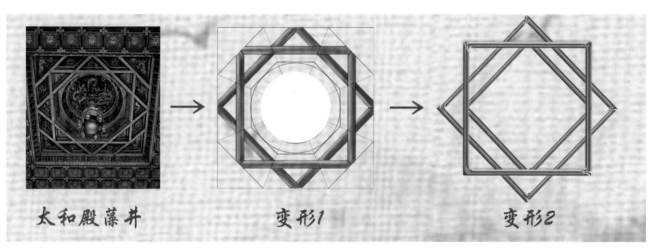

图 4-13 设计过程

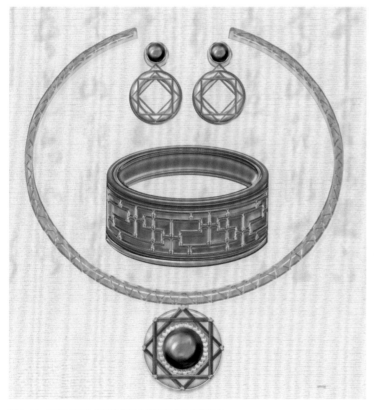

图 4-14 "钰井天和" 系列首饰设计效果图（曾春芳 绘）

绘画过程：

本系列首饰设计首先提取里斗八中的几何结构作为主要的设计元素，并将这些元素进行提炼简化，形成更具符号性的几何形。在此基础上，将翡翠、和田玉和古法金工艺进行结合，通过镶嵌、镂空等工艺形成金镶玉的整体设计。

案例 10
"方圆规矩" 创意包袋设计

设计过程：

图4-15中的包袋设计是以中国传统木制家具为灵感来源进行包袋设计。传统家具的类型丰富，在设计灵感的选取过程中，逐渐定位到对于传统中药柜的造型提取，结合铜质的抽屉拉环进行创意设计。确定设计灵感和主要表现元素后，具体需要思考包袋的细节设计，此时木制家具的线条和结构，如明清家具中的简约直线条、圆润的角部处理等，是在设计风格和元素具体的设计表现过程中需要注意的。

为重点突出古典拉环装饰效果，在其他设计元素上需要进行弱化。设计过程中放弃了对于传统药柜中文字元素的运用，也未使用木质材料的色彩与纹理，而是以黑白色与强烈的几何元素增强了包袋的时尚感。大面积的黑色与铜质装饰拉环的结合更能凸显出古典元素的装饰效果。包袋的其他金属配件则采用了统一的金属元素。整体的元素是方与圆的结合，与传统观念相一致，局部加以少量的花卉纹样。

图4-15 方圆规矩包袋创意设计（姜璇 绘）

绘画过程：

两款包袋在绘制过程中需要考虑到相互之间的位置与比例关系。首先，是确定包袋的尺寸大小，在起稿时箱式包袋相对于圆形包袋体积更大，结构也更加复杂。箱式包袋的造型以正侧面的角度展示，能够体现出包袋的正面和侧面的结构和设计点，是能够将包袋的造型语言表现清晰的角度。圆形包袋的正面和顶面的装饰内容较为丰富，侧面比较简单，所以，选择将圆形包袋置于相对较低的位置，偏向于正上方视角进行绘画表现。在确定好包袋的基础造型后，需要强调透视的准确性，每一个面、装饰细节都要符合透视法则。包袋盖作为造型与装饰的重点，左右的对称性设计需要强化，装饰性提环需要处于中点位置。

接下来是质感的表现，需要明确此款包袋的主体材料的质感特点。黑白色的位置均为牛皮革材料，牛皮的质地相较于其他皮质材料更加厚实，需要将细密、略带光滑的皮革质感通过柔和的反光体现出来。金属装饰部分质感可以通过明暗的强烈对比度体现出金属光泽感。

4.3.3 其他国风设计作品赏析（图 4-16 ～图 4-24）

图 4-16　山海异兽（李子璇 绘）

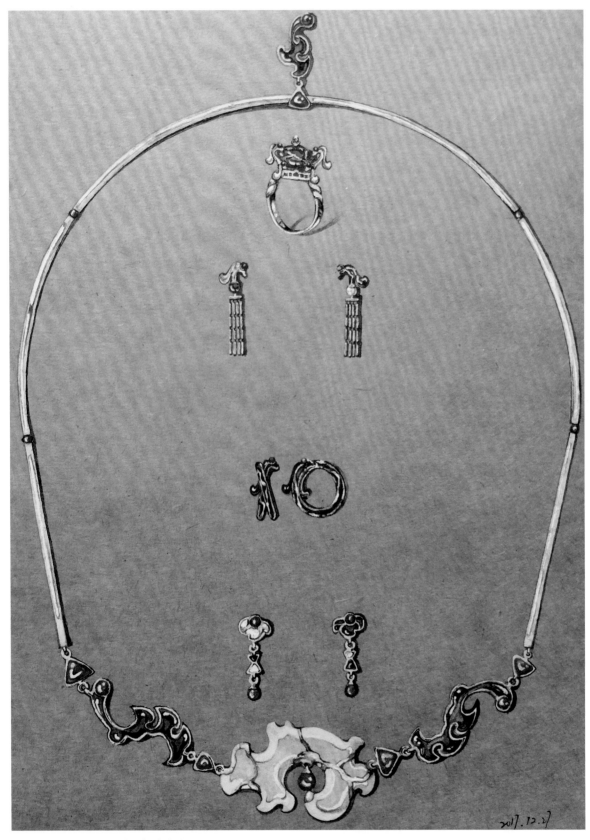

图 4-17　"金缮补玉"系列首饰设计（姜璇 绘）

图 4-18 "朝凤"系列首饰设计（姜璇 绘）

图 4-19 "云水间"系列首饰设计 1（王禹蒙 绘）

图 4-20 "云水间"系列首饰设计 2（王禹蒙 绘）

图 4-21 "海错"系列鞋靴设计（张清玉 绘）

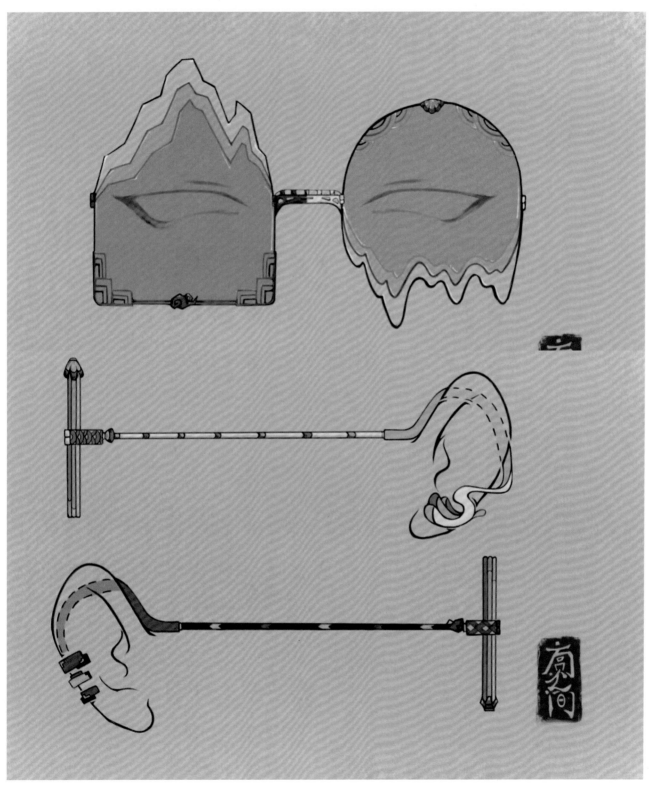

4-22 "方圆之间"眼镜设计效果图（李昱 绘）

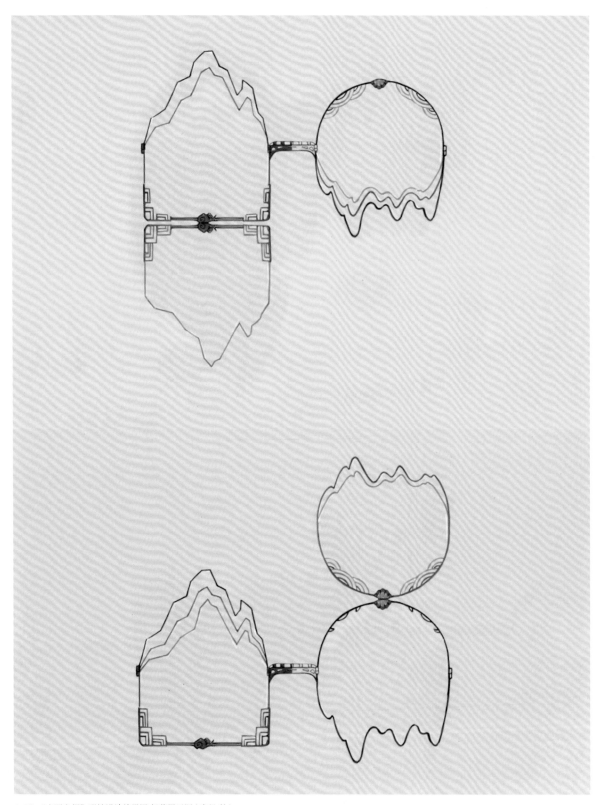

4-23 "方圆之间" 眼镜设计效果图 细节展示图（李昱 绘）

4-24 "镜花园"系列眼镜设计（孙小涵 绘）

参考文献

著作

1. 吴静芳. 服装配饰学［M］. 上海：东华大学出版社，2004.

2. 苏洁. 服饰品设计［M］. 北京：中国纺织出版社，2009.

3. 董雅，陈高明. 中国传统设计文化的现代性转向［M］. 天津：天津大学出版社，2019.

4. 陈高明. 中国古代系统设计思想［M］. 天津：天津大学出版社，2019.

5. 中国绘画史图鉴编委会. 中国绘画史图鉴［M］. 杭州：浙江人民美术出版社，2014.

6. 马拉古奇. 艺术中的黄金、宝石与珠宝［M］. 武汉：华中科技大学出版社，2019.

7. 飞乐鸟工作室. 珠宝绘［M］. 北京：中国水利水电出版社，2018.

8. 王苗. 珠光翠影. 中国首饰史话［M］. 北京：金城出版社，2017.

9. 扬之水. 中国古代金银首饰［M］. 北京：故宫出版社，2014.

10. 任进. 首饰设计基础［M］. 武汉：中国地质大学出版社，2003.

11. 菲利普斯. 珠宝圣经［M］. 北京：中国轻工业出　版社，2019.

12. 梁欣. 高级珠宝设计手绘技法教程［M］. 北京：中国工信出版社，2019.

13. 章藻藻，王晓辉. 玉石雕刻［M］. 上海：上海人民美术出版社，2014.

14. 姚云鹤. 鞋类效果图技法［M］. 北京：中国轻工业出版社，2019.

15. 王妮. 包袋效果图手绘表现技法［M］. 北京：化学工业出版社，2015.

论文

1. 席跃良. 手绘效果图表现技法课程改革与建设的探索［J］. 艺术教育，2012（12）：109–111.

2. 田鸿喜，张敏. 论手绘表现图对设计师思维培养的重要性［J］. 美术大观，2008（2）：116.

3. 张丽娟. 浅析手绘效果图表现技法［J］. 艺术与设计（理论），2012，2（7）：174–176.

4. 李婷婷. 手绘效果图的现实意义［J］. 教育教学论坛，2010（26）：241.

5. 梁军. 手绘表现在电脑绘图时代的作用［J］. 新东方，2007（6）：57–58.

6. 吴昊玺，唐李阳. 数字绘画技术下的手绘课程创新实践［J］. 西部皮革，2020，42（21）：55–56.

7. 肖斌梅，邹佳亮，肖福燕，等. 论艺术设计专业中的手绘表现技法的作用［J］. 艺术评鉴，2017（20）：157–160.

8. 王纯健，张康夫. 手绘时装画的艺术语言［J］. 设计，2017（13）：72–73.

9. 梁启兴. 产品手绘效果图训练方法探讨［J］. 西部皮革，2009，31（14）：46–48.

10. 祝帅. 国潮、中国风与中国设计主体性的崛起［J］. 装饰，2021（10）：12–17.

11. 王曼倩，杜博. 宝玉石设计课程中的物承活化形式探索——以红山龙形玉器为例［J］. 装饰，2018（7）：140–141.

12. 徐懿. 服装配饰设计课程的教育现状和改革探究［J］. 西部皮革，2022，44（11）：68–70.

13. 谢天晓，杜娟. 基于 OBE 理念的产品设计人才培养模式探索——以北服配饰设计方向为例［J］. 服装设计师，2022（10）：101–108.

14. 朱梦妮. 浅析皮具配饰设计中的灵感来源［J］. 西部皮革，2016，38（13）：61–63.

附录

1. 人体不同部位与配饰品类尺寸关系

产品类型	内容	单位：厘米	说明
包袋	手掌宽	6.2 ~ 8.4	包袋开口的最小宽度
	小臂长	20 ~ 30	建议包袋深度不超过小臂长
	手提包带长	25 ~ 45	手提袋提手长度
	单肩包长度	45 ~ 60	短肩带长度
	斜挎包长度	100 ~ 140	斜挎包带长
首饰	颈围	33 ~ 40	项链最小围度
	短项链长度	30 ~ 45	30cm 为卡脖链、项圈，超过 40cm 为锁骨链
	中长项链长度	45 ~ 60	歌剧链尺寸，长度到胸部上方
	长项链长度	60 ~ 82	长度到肚脐，可以绕脖 2 ~ 3 圈
	头围	52 ~ 60	非开口项链最小围度
	圆镯口径	5.0 ~ 6.2	非开口手镯（玉镯）最小围度
	戒圈周长	4.9 ~ 6.7	戒指内径的尺寸
围巾	披肩	80×200	超大围巾尺寸
	围巾	15×120 ~ 60×180	正常长条形围巾尺寸的变化范围
	小方巾	50×50	绕颈一周进行单扣系结的最小尺寸
	大方巾	90×90 ~ 140×140	大方巾尺寸变化范围
领带	商务领带宽度	9 ~ 12	最宽处尺寸
	休闲领带宽度	4 ~ 8.9	最宽处尺寸
	领带长度	132 ~ 142	系好后长度正好落到皮带扣上
帽子	帽围	55 ~ 60	帽子内圈围度
	帽深	11 ~ 16	帽子深度
	帽檐宽度	2 ~ 20	帽檐宽度决定帽子的遮阳和装饰效果
手套	手套宽	8 ~ 12	普通手套尺寸
	手套长	20 ~ 24	普通手套尺寸

2. 配饰手绘效果图常用工具介绍

类型	内容	具体说明
绘图工具	可塑橡皮	修改微小细部，减弱铅笔勾线的颜色，进行区域性修改
	精细橡皮	推荐橡皮笔，可擦拭细节
	高光橡皮笔	质地硬、方头且切面小，便于擦出细腻的高光
	珠宝绘图模板	常用板尺编号：泰米 T-777-1、T-777-2、T-97M、T-89M 等
	曲线板	使曲线线条更加流畅
	直尺	基础绘图，三视图使用
	三角板	最好选择超薄直角三角板，珠宝绘画时画辅助线使用
	圆规	可替换铅芯的圆规，在使用前可将铅芯在纸上磨至更细
绘图笔	自动铅笔	0.3/0.2mm 极细自动铅笔
	铅笔	HB 或 2B 笔芯
	彩色铅笔	推荐 48 色水溶性彩铅
	针管笔	0.05 ~ 1.0mm 若干型号
	勾线笔	狼毫勾线笔，笔尖锋利，变化丰富
	高光笔	起画龙点睛的作用，选择覆盖力强，笔尖较细的，适合刻画细节
	马克笔	纤维型笔头，适合空间体块的塑造
	毛笔	平铺色彩用羊毫，小细节需要狼毫，有弹性，用笔尖表现结构
	排笔	背景建议使用大号软毛排笔，不易出现笔痕
绘图颜料	水彩颜料	水彩颜料透明、易干，且干后不易变色
	固体水彩	相较于水彩颜料使用便捷
	丙烯颜料	覆盖力强，颜色饱满
绘图纸	A4 白纸	$70g/m^2$ 以上，绘制草图、结构图时使用，纸面光滑
	卡纸	白色卡纸、灰色卡纸、黑色卡纸
	硫酸纸	半透明，可以用于临摹练习，利于移动与修改画面
	水彩纸	水彩作画时使用，吸水性好